IMPACTS DES ACTIVITÉS ANTHROPIQUES SUR LES PEUPLEMENTS VÉGÉTAUX DU PARC NATIONAL DE LA RUSIZI AU BURUNDI/CAS DU SECTEUR PALMERAIE

IMPACTS DES ACTIVITÉS ANTHROPIQUES SUR LES PEUPLEMENTS VÉGÉTAUX DU PARC NATIONAL DE LA RUSIZI AU BURUNDI/CAS DU SECTEUR PALMERAIE

Jérôme-Fidèle HABONIMANA

GALDA VERLAG 2023

Bibliografische Information der Deutschen Nationalbibliothek
Die Deutsche Nationalbibliothek verzeichnet diese Publikation in der Deutschen Nationalbibliografie; detaillierte bibliografische Daten sind im Internet über http://dnb.ddb.de abrufbar.

ISBN 978-3-96203-257-9 (Print)
ISBN 978-3-96203-258-6 (E-Book)

REMERCIEMENTS

C'est une heureuse occasion, au terme de ce travail d'exprimer nos sincères remerciements à toutes les personnes qui ont contribué à sa réalisation.

Nos remerciements s'adressent plus particulièrement aux Professeurs Jan BOGAERT et Tatien MASHARABU respectivement Promoteur et Co-promoteur de ce mémoire, qui malgré leurs multiples occupations ont accepté d'assurer la direction de ce mémoire. Leur rigueur scientifique, leurs multiples conseils ainsi que leur franche collaboration nous ont été d'une grande utilité.

Nos vifs remerciements s'adressent aussi à Monsieur Bénoît NZIGIDAHERA, chercheur à l'Institut National pour l'Environnement et la Conservation de la Nature (INECN), pour l'accueil qu'il nous a réservé dans le laboratoire de biodiversité de l'INECN. Ces conseils en tant que chercheur et personne ressource nous ont été d'une grande utilité dans ce mémoire.

Nous pensons aussi au responsable du secteur palmeraie du nom de KANYAMUGAMBWE et aux gardes-forestiers du parc de la Rusizi qui ont gentiment accepté de nous accompagner dans la forêt sous le soleil accablant de la plaine et sous la pluie pendant la collecte des données.

Nos remerciements vont également à l'endroit des personnalités suivantes : Pr. Baudouin Michel, Pr. Jean-Pierre MATE, Mr. Bienfait KASENGA (respectivement Directeur, Secrétaire Académique et à la Recherche, et Secrétaire Administratif de l'ERAIFT) ; éminents enseignants de l'ERAIFT ; personnels de l'ERAIFT (gardiens, secrétaires, informaticiens, bibliothécaires) pour leurs précieux apports, la disponibilité et le dévouement dont ils ont fait preuve dans le cadre de la réussite de cette formation.

Nous oublierons jamais l'UNESCO qui a financé cette formation qui n'aurait pas eu lieu n'eût été son intervention.

Nous ne pourrions pas aussi passer sous silence les innombrables services rendus par NGAYIMPENDA Evariste, Professeur et Recteur de l'Université du Lac Tanganyika, sans compter sur une récompense éventuelle de notre part, qu'ils trouvent ici nos sincères remerciements.

Nous dédions ce mémoire enfin à ma très chère épouse Dévote NGABIRANO et à notre fils aîné Davy Pierrot MUGISHA qui ont supporté la solitude pendant notre formation.

ACRONYMES

(AW4)S:

A : désigne un climat intertropical caractérisé par le fait qu'il n'y a pas de saison hivernale et que les précipitations sont supérieures à l'évapotranspiration annuelle ; aussi le mois le plus froid a une température moyenne supérieure à 18°C,

W : signifie qu'il existe une saison sèche pendant l'hiver pour l'hémisphère contenant la région,

L'indice **4** montre que la saison sèche dure 4 mois en général,

S signifie que la région concernée est dans l'hémisphère sud.

BM : Banque Mondiale

CDB : Convention sur la Diversité Biologique

CO2 : Dioxyde de Carbone

C EIE : Etudes d'Impacts Environnementaux.

COGERCO : Compagnie de Gérance de Coton

Fe : Feuille

FEM : Fonds Mondial pour l'Environnement

FAO : Food Agriculture Organization

Fr : Fruit

GPS : Global Positioning System

MAB : Man and Biosphere /Programme pour l'Homme et la Biosphère

MINATTE : Ministère de l'Aménagement du Territoire et de l'Environnement

No : Nombres d'organes visés

P(mm) : Précipitation en mm

PFNL : Produits Forestiers Non Ligneux.

PH : Proton d'Hydrogène

PNR	: Parc National de la Rusizi.
Ra	: Racine
RDC	: République Démocratique du Congo.
RN	: Route Nationale
T (en °C)	: Température en degrés Celsius.
Ti	: Tige
TV	: Transversal.
UBT	: Unité Bétail Tropical
UTM	: Universal Transverse Mercato
+	: Organe récolté
-	: Organe non récolté

LISTE DES TABLEAUX ET FIGURES

Tableaux

Figures

LISTE DES PHOTOS

TABLE DES MATIERES

RESUME

Le parc de la Rusizi situé au Nord-ouest du Burundi, à 15km de Bujumbura, la capitale, constitue une zone écologique particulière de par son paysage impressionnant et surtout à ses espèces endémiques rares. Cet écosystème, bien qu'il fasse partie des priorités de conservation, n'est pas à l'abri des menaces qui pèsent actuellement sur les peuplements végétaux.

L'objectif global de l'étude était d'élucider les impacts des activités anthropiques sur les peuplements végétaux du parc de la Rusizi/ cas du secteur palmeraie en vue de leur conservation. Certaines espèces d'arbres de valeur socioéconomiques ont été identifiées pour en évaluer la structure verticale. Une enquête sur les prélèvements des ressources végétales a été réalisée.

Les espèces comme *Balanites aegyptiaca, Acacia albida, Acacia polyacantha, Commiphora madagascariensis* et *Hyphaene petersiana* ont des structures irrégulières et instables. Les ressources végétales prélevées par les riverains servent à des fins énergétiques 28,7% et 28% respectivement à Buringa et à Gihanga. Les usages en constructions sont 16,5% et 24,6% respectivement à Buringa et à Gihanga. Les usages alimentaires sont 18,7% à Buringa et 19,2% à Gihanga. Les usages médicinaux sont 23% à Buringa et 19,2% à Gihanga et les usages artisanaux sont 13,1% à Buringa et 9% à Gihanga. En définitif, l'ampleur des activités dans le parc de la Rusizi suscite des inquiétudes si des solutions alternatives ne sont pas trouvées.

Mots clés : Activités anthropiques, aire protégée, Impact, peuplements végétaux, Burundi.

ABSTRACT

Located at 15km north western of Burundi capital city (Bujumbura), the Rusizi national park is a particular ecological zone due to its impressive landscape and especially rare endemic species.

Though, this ecosystem is part of conservation priorities, it is not immune from current threats on plant communities. The overall objective of the study was to elucidate the impacts of human activities on plant communities of the Rusizi Park especially the palm conservation sector. The research methodology was to mark out certain activities going on therein using a GPS system. Some species of noticeable socioeconomic importance have been identified to assess the vertical structure. A survey of samples was conducted.

Research revealed a projected existence of Species such as *Balanites aegyptiaca, Acacia albida, Acacia polyacantha, Commiphora madagascariensis* and *Hyphaene petersiana* characterized by irregular and unstable structures.

Plant resources harvested by local residents used for energy ends of 28.7 % and 28% in Buringa and Gihanga sectors, respectively. A use in construction is estimated at 16.5% in Buringa while it amounts to 24.6% in Gihanga. Food uses represents 18.7% at Buringa and 19.2% at Gihanga. Medicinal uses represent 23% at Buringa and 19.2% at Gihanga. Lastly, these artisanal uses of these species represent 13.1% at Buringa and 9% at Gihanga.

The above mentioned examples are a clear evidence of the impact of human activities in the park. And, if no action is undertaken this may state of affairs many end in rather problems situation.

Keywords: Human activities, protected area, impact, species communities, Burundi.

CHAPITRE I

INTRODUCTION GENERALE

I.1. Contexte et problématique de l'étude

Les aires protégées sont des outils de conservation qui sont au cœur de la stratégie mondiale de conservation de la biodiversité in situ (article 8 de la Convention sur la Diversité Biologique). Elles sont, généralement, représentatives de zones écologiques, ayant conservé l'essentiel sinon la totalité de leurs caractéristiques physiques et biologiques. Les aires protégées au Burundi, sont réparties dans quatre catégories: parcs nationaux, réserves forestières naturelles, monuments naturels et paysages protégés (Bigawa, 2000). Pourtant ces zones qui constituent de rares sites de conservation de biodiversité font de nos jours l'objet de vives convoitises de la part des populations riveraines (Thiombiano *et al.*, 2002). En Afrique centrale, il existe une causalité négative entre la pression démographique et la couverture forestière (Bogaert *et al.*, 2008). Les causes sont généralement liées directement ou indirectement aux activités anthropiques (Bamba *et al.*, 2008).

Le Burundi est l'un des pays les plus densément peuplés d'Afrique. Selon le Décret présidentiel n° 100 /11 du 16 janvier 2009 portant publication des résultats préliminaires du troisième recensement général de la population et de l'habitat du Burundi de 2008, la population du Burundi était évaluée au 15 août 2008 à 8036618 d'habitants, ce qui donne une densité moyenne de 289 habitants au km^2. Selon la Planification Nationale de la Population (2000) citée dans MINATTE (2005), la population du Burundi double tous les 30 ans et sera d'environ quinze millions en l'an 2025 si le taux d'accroissement actuel de la population de 3% reste maintenu.

Depuis plusieurs années, le Burundi voit ses écosystèmes naturels se réduire de façon dramatique sous l'effet de la pression anthropique (Masharabu, 2011). En effet, alors que vers la fin des années 1970 ces écosystèmes occupaient 648193 ha, soit 23,29% du territoire national, seuls 471481 ha, soit 16,94% de la superficie totale du pays constituent la part réservée à ces patrimoines naturels en 2010 (Habiyaremye, 2012). La disparition annuelle du couvert végétal était estimée à 15000 ha soit 9% contre seulement un taux de boisement de 3.7% entre 1990 et 2000 (Riera *et al.*, 2004). Le parc national de la Rusizi de par sa situation géographique, est une aire protégée périurbaine et constitue une stratégie de conservation de la biodiversité pour le Burundi. Les aires périurbaines en Afrique Centrale sont définies par la proximité d'une zone urbaine densément peuplée, à croissance démographique rapide et à importante dégradation de l'environnement.

Dans un pays exclusivement agricole et de surcroît surpeuplé, la terre est le patrimoine fondamental, elle permet d'assurer la subsistance de la population rurale. La terre devient alors une ressource et un enjeu importants (Tréfon *et al.*, 2005). La classification de ces aires protégées selon leur degré de vulnérabilité (Nzigidahera, 2000) montre que le parc national de la Rusizi fait partie des écosystèmes les plus vulnérables au Burundi. L'exploitation abusive de ces espèces et la dégradation de leur habitat sont connues pour être les principaux facteurs de la diminution continuelle de leurs populations (Havyarimana, 2009).

Malgré les efforts engagés par le Burundi et ses partenaires pour la conservation à travers la création et le maintien de la biodiversité dans les aires protégées, l'explosion démographique constitue une entrave à la durabilité de la conservation, à laquelle s'ajoutent les changements climatiques (Masharabu, 2011). Les activités anthropiques sont citées pour être les facteurs de la dégradation des ressources naturelles. Les outils les plus généralement utilisés pour évaluer les effets des activités anthropiques sur les ressources naturelles sont les indicateurs biologiques ou bio-indicateurs. Un bio-indicateur est un organisme ou un ensemble d'organismes dont les réponses biologiques aux différents facteurs du milieu permettent de caractériser l'état et/ ou l'évolution d'un écosystème ou d'un milieu (ville, rivière, parcelle agricole, fond de vallée, etc.) (Bangirinama, 2010). L'étude d'impacts des activités anthropiques sur les peuplements végétaux dans le parc de la Rusizi pourrait faciliter la planification du développement et la prise de décision générale en vue de gérer les impacts négatifs et leurs conséquences.

C'est dans ce contexte que cette étude intitulée « Impacts des activités anthropiques sur les peuplements végétaux du parc national de la Rusizi : cas du secteur palmeraie » a été entreprise au PNR, aire protégée située à la sortie de la capitale du Burundi (Bujumbura) et à la frontière avec la RDC, ajouté à sa richesse en espèces d'importance socio-économique et de ses attraits éco touristiques« paradis ornithologique » (Nzigidahera, 2000), en vue de caractériser les impacts et contribuer ainsi à sa conservation pour des générations présentes et futures.

En effet, les décideurs et gestionnaires des aires protégées ont besoin des données quantitatives qui pourraient aider dans la prise des décisions.

Avant de poursuivre, un aperçu général de l'aire protégée, bien commun du patrimoine mondial, impact environnemental, peuplements végétaux, approche systémique sont indispensables.

I.2. Cadre théorique

I.2.1. Aire protégée : un concept avant tout spatial et juridique.

Une aire protégée est d'abord un concept éminemment spatial. L'aire se rapporte à une surface qui peut être une portion d'espace aux limites plus ou moins précises, sur terre ferme ou aires protégées marines (Wafo, 2008). Certaines des plus connues sont : parc national, réserve naturelle, zone de nature sauvage, aire de gestion des habitats ou des espèces et paysages terrestres ou marins protégés (Dudley, 2008). Une aire protégée, bien qu'inscrite dans un espace est inséparable du contexte sociétal dès sa mise en place, et ce, tout au long de son évolution. Wafo (2008) poursuit en disant que l'aire protégée est donc un « espace géographique classé». Ce classement est un acte juridique qui scelle ou confirme un choix politique exprimé à un moment donné. Cette décision, en principe tient compte de la qualité des ressources et de l'organisation socio-économique des populations résidentes.

Selon Barrière (1996), l'organisation des hommes sur les espaces et envers les ressources s'exprime en termes de normes, règles, processus et institutions. Globalement la multifonctionnalité de l'espace doit traduire un régime juridique assurant la gestion de la complexité des situations caractérisant la diversité des réalités culturelles. L'acte juridique s'inscrit dans un espace donné, avec des objectifs fixés par la loi. La loi confère donc au territoire son statut. Le statut est conféré par la société à un espace constitué d'éléments divers et soumis à une protection. L'aire protégée est un espace soumis aux pressions d'acteurs différents, ayant pour les uns un objectif de conservation et pour les autres un besoin vital. Il se pose alors un problème entre la conservation de la nature et la nécessité d'utilisation de l'espace dans une aire protégée (Wafo, 2008).

I.2.2. Bien naturel du Patrimoine mondial

Le Patrimoine mondial, ou Patrimoine de l'humanité, est une liste établie par le Comité du Patrimoine mondial de l'Organisation des Nations

Unies pour l'Education, la Science et la Culture (UNESCO, 1972). Le but du programme est de cataloguer, nommer, et conserver les biens dits culturels ou naturels d'importance pour l'héritage commun de l'humanité. Sous certaines conditions, les biens répertoriés peuvent obtenir des fonds de l'organisation World Heritage Fund. Le programme fut fondé avec la Convention concernant la protection du Patrimoine mondial, culturel et naturel, qui fut adoptée à la Conférence générale de l'UNESCO le 16 novembre 1972. En juin 2010, 187 Etats parties ont ratifié cette convention.

La mission principale de la Liste du Patrimoine mondial est de faire connaître et de protéger les éléments naturels et culturels dans un site exceptionnel. La Convention concernant la protection du Patrimoine mondial culturel et naturel, constitue un instrument juridique qui s'appuie sur le principe que « certains lieux de la planète ont une valeur universelle si exceptionnelle, de par leurs caractéristiques naturelles, leur importance historique et/ou culturelle que leur protection n'incombe pas à un seul pays mais à la communauté internationale dans un ensemble » (UICN, 2001).

La Liste du Patrimoine mondial comporte 936 biens constituant le patrimoine culturel et naturel que le Comité du Patrimoine mondial considère comme ayant une valeur universelle exceptionnelle. Cette liste comprend 725 biens culturels, 183 naturels et 28 mixtes réparties dans 153 Etats parties. Depuis novembre 2011, 188 Etats parties ont ratifié la Convention du Patrimoine mondial.

I.2.3. Peuplements végétaux

Les végétaux se développent en fonction de leur capacité à supporter le climat et à s'adapter à la nature du sol, ainsi qu'à d'autres conditions. Quand elles partagent les mêmes besoins fondamentaux, différentes plantes se retrouvent systématiquement associées : leur regroupement constitue une formation végétale (Dictionnaire Larousse).

Dans un écosystème, l'hétérogénéité spatiale de la végétation traduit l'existence de groupements végétaux (Dajoz, 2006 ; Bouzille, 2007) qui correspondent à des assemblages particuliers caractérisés par une composition spécifique relativement constante a une aire donnée (Guinochet, 1973 ; Leveque et Mounolou, 2008) et dans lesquels toutes les espèces ne sont pas équivalentes (Tilman *et al.*, 1997).

La structure du peuplement végétal d'un territoire dépend à la fois de l'histoire des flores et de l'action actuelle du milieu, qui favorise certaines espèces, les répartit dans l'espace suivant leurs exigences biologiques, ou au contraire les élimine. Le peuplement d'une région peut être envisagé à deux points de vue différents ; soit sous l'angle de ses groupements floristiques, soit sous celui de leur structure, de leur physionomie et de leur dynamisme (Shimba, 2008).

I.2.4 Impact environnemental

I.2.4.1. Définition

Un impact environnemental est l'effet quantifiable et en général mesurable sur l'environnement, de la présence de la construction, de l'exploitation et l'entretien d'un équipement (Hydro-Quebec, 1992).

Le Réseau d'Expertise E7 pour l'Environnement Global (2003), définit l'impact comme une réaction positive ou négative à un changement dans l'environnement résultant d'une action liée à un projet. Les impacts peuvent être écologiques (tels les impacts sur les éléments des ressources naturelles, la structure ou le fonctionnement des écosystèmes affectés), esthétiques, historiques, culturels, économiques et sociaux, qu'ils soient directs, indirects ou cumulatifs. Selon la même source, l'impact environnemental est la conséquence positive ou négative d'une action ou d'une activité en interaction avec l'environnement.

La notion d'impact cherche à déterminer les effets du projet sur l'environnement. La détermination d'un impact exige une bonne connaissance non seulement de la situation d'un phénomène à un moment donné, mais aussi l'évolution normale de ce phénomène. L'impact d'une action sur un phénomène est la déviation observée dans l'évolution de ce phénomène du fait de cette action (Tchouamo, 2011).

I.2.4.2. Caractéristiques des impacts environnementaux

Tchindjang (2009) identifie plusieurs paramètres pris en compte pour la caractérisation et l'évaluation des impacts environnementaux dont les principaux sont :

- la nature de l'impact ;
- l'ampleur (élevée, modérée, faible) ;
- l'étendue ou sa localisation ;

- la durée ;
- la réversibilité (ou l'irréversibilité) ;
- l'importance.

I.2.5. Approche systémique

L'approche systémique est une méthode *globale*, *intégrée* et *interdisciplinaire* utilisée pour étudier des systèmes dans leur *complexité*. Elle privilégie l'étude des interactions entre les composantes (ou éléments) d'un système et les appréhende, non pas *isolement* mais *globalement*, en tant que parties intégrantes d'un ensemble dont les différents composants sont dans une relation de dépendance (Lumande, 2011).

Il poursuit en disant que l'approche systémique est située à l'opposé de la méthode analytique de DESCARTES qui analyse, isole les éléments, modifie les variables une à la fois, réduisant ainsi la complexité à des composants élémentaires.

L'approche systémique ou la systémique est une nouvelle approche située à l'opposé de l'approche analytique traditionnelle, sectorielle. Basée sur la notion du système, la systémique permet d'aborder les problèmes et les situations dans une vision globale. Dans sa méthode, la systémique tient compte de la multiplicité des éléments du système, de leur complexité, de leurs interactions et interrelations, du dynamisme du système et de son évolution (Maldague, 2003). Pour Barel (1971) cité par Dossou (1992), l'approche systémique correspond d'abord à des besoins internes de multiples disciplines scientifiques et apparaît comme un outil de dépassement de certaines crises de croissance. C'est cet outil que Rosnay (1989) caractérise de macroscope et qui se base sur les trois principes suivants :

- s'élever pour mieux voir : s'instruire pour percer le secret caché dans les choses ;
- relier pour mieux comprendre : il s'agit de comprendre pourquoi tel ou tel phénomène se passe dans la nature ;
- Situer pour mieux agir : c'est diagnostiquer les différents problèmes environnementaux en vue de trouver des solutions viables.

Dossou (1992) affirme que l'approche systémique constitue une stratégie appropriée pour l'étude des cas complexes comme les problèmes du monde rural.

L'approche globale ou systémique des questions d'environnement est essentiellement basée sur le concept de système. Elle est une approche qui intègre l'apport des différentes disciplines pour l'explication des phénomènes.

Il existe plusieurs définitions du système. Nous retenons celle de Joël de Rosnay : «Un système est un ensemble d'éléments en interaction dynamique, organisé en fonction d'un but».

L'analyse systémique permet d'identifier les différentes composantes d'un système environnemental et de mettre en lumière la relation entre les composantes. Ce qui permet par la suite d'obtenir une vision d'ensemble, qui correspond à une synthèse de la réalité appréhendée.

L'approche systémique ne s'oppose pas à l'approche analytique mais la complète. Si la méthode analytique consiste à découper la complexité en éléments distincts, la méthode systémique recombine le tout à partir de ses éléments en tenant compte du jeu de leurs interdépendances et de leur évolution dans le temps.

I.3. Revue bibliographique

I.3.1. Aires protégées du Burundi

L'Union Mondiale pour la Nature (UICN) répartie les aires protégées selon leurs objectifs de gestion et le type d'utilisation auxquels elles sont assujetties. Elles sont gérées principalement à des fins de : (I) protection stricte (réserve naturelle intégrale/zone de nature sauvage) ; (II) préservation des écosystèmes et loisirs (parc national) ; (III) conservation d'éléments naturels spécifiques (monument naturel) ; (IV) conservation par une gestion active (aire de gestion des habitats ou des espèces) ; (V) conservation d'un paysage terrestre ou marin et loisirs (paysage terrestre ou marin protégé) et (VI) utilisation durable des écosystèmes naturels (aire protégée de ressources naturelles gérées) (UICN, 1994 ; Mengue-Medou, 2002 ; Dudley, 2008).

L'UICN (1994) répartie les aires protégées du Burundi dans quatre catégories (Tableau 1). Notre zone d'étude (PNR) est reprise dans la catégorie II comprenant des aires protégées à des fins de loisirs et de conservation des écosystèmes.

En 2001, le Burundi comptait 14 aires protégées, selon le Ministère burundais de l'Aménagement du Territoire et de l'Environnement (MINATE). Ces aires protégées représentaient 4,6% du total du territoire national, soit une superficie d'environ 127662,85ha (MINATE, 2001). A cela s'ajoutent aujourd'hui le Paysage Aquatique Protégé du Nord (16242ha), la Réserve Naturelle Forestière de Mpotsa (31,90ha) ainsi que la Réserve Naturelle de la Malagarazi (9012ha) récemment créés et délimités par l'INECN et qui s'ajoutent aux aires protégées préexistantes, ce qui porte à 17 le nombre d'aires protégées du Burundi en 2011, soit 136706,48ha représentant près de 5% du territoire national (Masharabu,2011).

Tableau 1 : Les aires protégées du Burundi (Ministère burundais de l'Aménagement du Territoire et de l'Environnement; MINATE, 2001) et leurs catégories selon l'Union Internationale pour la Conservation de la Nature (UICN, 1994), modifié par Masharabu (2011)

Nature	Catégories de l'UICN (1994)	Superficie (ha)
Parcs Nationaux		
Parc National de la Ruvubu		50800
Parc National de la Kibira		40900
Parc National de la Rusizi		5280
Réserves Naturelles	**I**	
Réserve Naturelle de la Malagarazi		9012
Réserve Naturelle Forestière de Monge		5000
Réserve Naturelle Forestière de Vyanda		4500
Réserve Naturelle Forestière de Bururi		3200
Réserve Naturelle Forestière de Rumonge		600
Réserve Naturelle Forestière de Kigwena		500
Réserve Naturelle Gérée du lac Rwihinda		425

Réserve Naturelle Forestière de Mpotsa		31,9
Paysages Protégés	**V**	
Paysage Aquatique Protégé du Nord		16242
Paysage Protégé de Mukungu-Rukambasi		5000
Paysage Protégé de Mabanda Nyanza-Lac		3500
Paysage Protégé de Gisagara		2913
Paysage Protégé de Kinoso		480
Monuments Naturels	**III**	
Monuments Naturels des chutes de Karera et des Failles de Nyakazu		700

I.3.2. Végétation du parc national de la Rusizi

I.3.2.1. Végétation du secteur palmeraie

La carte de distribution de la végétation du parc national de la Rusizi décrite par Reekmans (1981) et modifié par Nzigidahera (2003) comprend :

- Formations aquatiques et semi-aquatiques : Ce sont des formations qui se trouvent à proximité immédiate ou qui colonisent les rives basses de la rivière Rusizi, ses anciens méandres et les marais de la Kajeke. Les étangs des abords de la Rusizi ont des eaux chargées en sels solubles.
  Les formations végétales telles que *Lemma perpusilla*, des Cyanophycées (*Spirogyra div.sp* et *Zygnema div.sp.*) et des hélophytes (*Ludwigia adscendens* var. diffusa, *Utricularia stellaris*) colonisent les rives de la Rivière Rusizi.
- L'étang naturel de Kimirabasore laisse assister au développement de *Nymphea lotus* et *Nymphea nouchalii*, dont les larges feuilles recouvrent la majeure partie de la surface libre de l'étang dont les

larges feuilles recouvrent la majeure partie de la surface libre de l'étang. A côté, on découvre les espèces comme *Utricularia inflexa, Polygonum segalensis, Polygonum pulchrum* et *Pistia stratiotes.* Entre le tapis flottant, l'on peut observer *Ludwigia leptocarpa* et le développement de grande quantité de fougère aquatique, *Azolla pinata* (Nzigidahera, 2003).

- Bosquets xérophiles à *Cadaba farinosa var. adenotricha* et *Commiphora madagascariensis* : Ce sont des boqueteaux d'étendue variable, largement distribués dans une pelouse rase. Cette végétation à allure nettement sclérophylle se rencontre surtout au niveau des deux terrasses fluviatiles supérieures de la Rusizi, c'est -à- dire en bordure même de la plaine lacustre et est liée à la présence de kaolisols lessivés. Elle est également rencontrée sur les ados des formations dunaires des abords de la Kajeke et de la rivière Mpanda où elle entre en compétition avec l'association à *Hyphaene petersiana var. ventricosa*, endémique de la plaine.
- Formations amphibies : Ce sont des savanes *à Sporobolus pyramidalis* et *Balanites aegyptiaca* caractéristiques des vertisols.
- Forêt *à Hyphaene petersiana var. ventricosa*: Elle est de loin une association la plus spectaculaire de la plaine voire de tout le Burundi. Cette végétation à dôme continue et largement dominante occupe toute la partie à alluvions fluviatiles anciennes le long de la Rusizi et la zone à kaolisols lessivés.
- Formations amphibies : Ce sont des savanes *à Sporobolus pyramidalis* et *Balanites aegyptiaca* caractéristiques des vertisols.
- Steppe à *Bulbine abyssinica* : Aisément identifiable sur le terrain surtout à l'époque de la floraison, cette formation végétale constitue une association étroitement liée aux solonetz solodisés ; une des plus caractéristiques de la plaine de la basse Rusizi surtout pendant les mois d'octobre et novembre, période de plaine floraison des espèces bulbeuses dont *Bulbine abyssinica.*
- Formations forestières des ravins du nord : D'extrême dégradation à l'heure actuelle, ces associations végétales qui, jadis, occupaient les fonds et flancs des ravins des rivières temporaires, forment les restes d'une forêt sclérophylle à *Euphorbia dawei.*
- Formation de recolonisation à *Acacia hochii* : Ce type de végétation colonise les ravins peu encaissés et est liée à la présence de kaolisols lessivés.

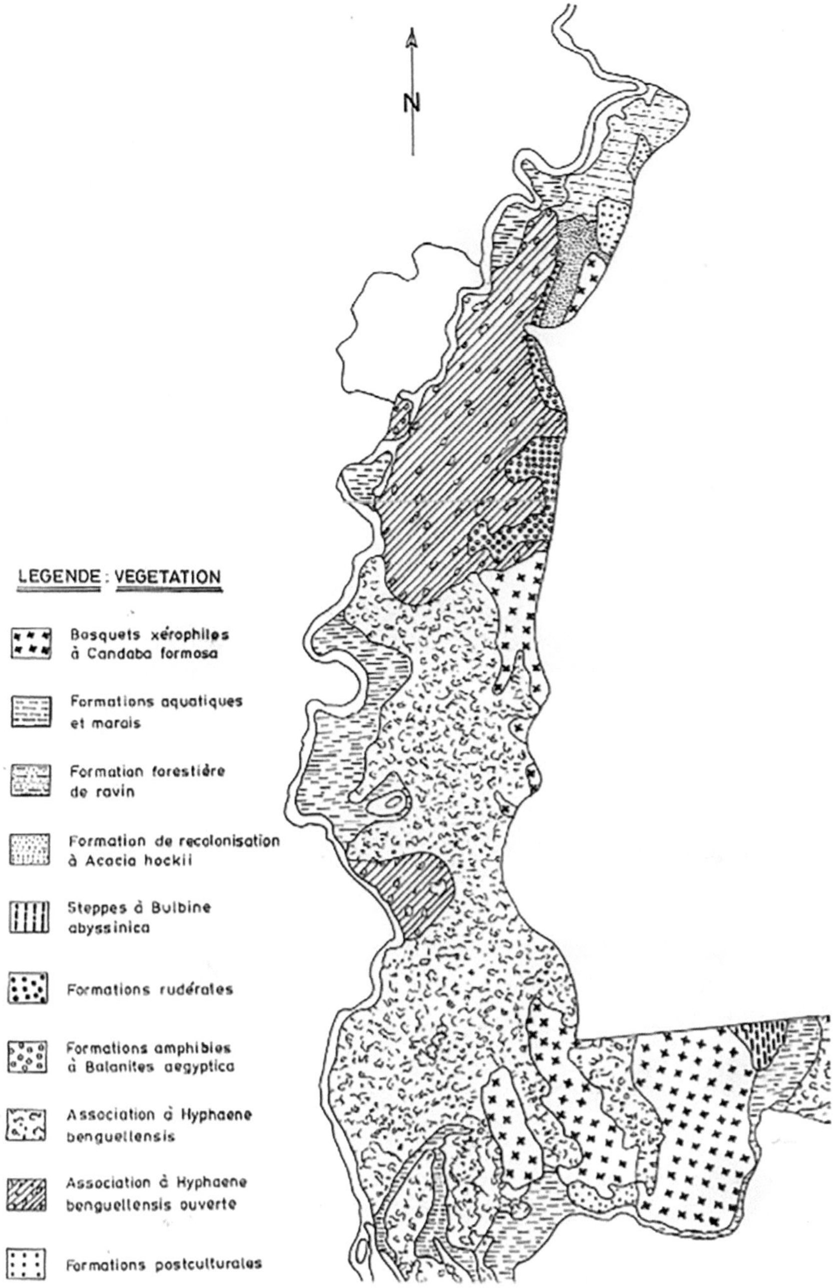

Figure 1 : Carte de distribution de différentes formations végétales de la Réserve Naturelle de la Rusizi (Nzigidahera, 2003)

I.3.2.2. Végétation du Secteur Delta

La figure 6 montre les formations végétales décrites par Nzigidahera (2003) au sein du Secteur Delta :

- Savane herbeuse *à Phragmites mauritianus* : Ce type de végétation nettement dominant aux mois de Mai et Juin, occupe des terres fermes peu inondées. Il s'agit typiquement d'une végétation de roselière où *Phragmites mauritianus* atteint 3 à 4 m de hauteur. La strate intermédiaire est essentiellement composée d'arbrisseaux tels que *Securinega virosa, Pluchea ovalis* et *Vernonia amygdalina* qui, dispersés dans cette savane, forment des fourrés enrichis d'herbes volubiles comme *Ipomoea cairica* ; tandis que la strate inférieure est formée par *Asystasia gangetica* et *Achyranthes aspera var.pubecsens.*
- Savane arborée à *Acacia polyacantha* : Il s'agit d'une formation végétale qui, se développant à travers une couche continue de Phragmites, est formée d'*Acacia polyacantha* en strate arborescente ; la strate arbustive étant constituée de *Rhus longipes, Securinega virosa* et autres, noyés dans un tapis graminéen de *Phragmites 'mauritianus* qui forme la strate herbacée. Les arbres d'*Acacia polyacantha* atteignent parfois 18 m de hauteur, formant en réalité une strate à cimes semi-jointives, un couvert léger très loin de modifier uniformément les conditions du milieu et entraver le développement des herbes héliophiles qui composent en majorité le tapis herbeux.
- Fourrés *à Lantana camara* : Il s'agit bien d'arbrisseaux qui sont constitués essentiellement par *Lantana camara* et dispersés dans une prairie basse dominée par *Panicum repens.* Le sous-bois est constitué par *Sida acuta, Sida cordifolia, Eragrostis, Indigofera spicata, Indigofera colutea* et *Oldenlandia herbacea.*
- Végétations paludicoles : L'installation des diverses végétations paludicoles s'explique par l'existence des étangs et de la période d'inondation.

Ainsi on distingue :

- La végétation aquatique des plantes flottantes : Ce type de végétation s'observe dans le bain des étangs et est constamment perturbé par le mouvement des pirogues de pêche. *Nymphea nouchalii, Ceratophyllum demersum, Utricularia inflexa* sont quelques-unes des espèces qui se développent dans les fenestrations se trouvant dans les populations de Typha.

- La végétation semi-aquatique : C'est une végétation à *Typha domingensis* avec présence de *Cyperus papyrus*, espèce pionnière par excellence des zones marécageuses.
- Végétation des sols temporairement mouillés : Elle comprend la végétation à *Phragmites mauritianus* et *Vossia cuspidata*, la prairie à *Cyperus laevigatus*, la pelouse *à Sporobolus spicatus* et la prairie à *Panicum repens*.
- Végétation pionnière des zones dunaires : Cette végétation occupe les levées de terre sableuse relativement bien drainée et séparant le lac Tanganyika des étangs ;
- Végétation nitrophile et post-culturale : Suffisamment représentée au Delta, sous-secteur Kayobera, cette végétation s'explique par l'action de l'homme et des animaux domestiques qui est à l'origine du maintien de ce type de végétation et de la dissémination des espèces antropo-zoophiles.

I.3.3. Multifonctionnalité du parc national de la Rusizi

Les espaces forestiers ont des fonctions multiples : ils peuvent être source de revenus (production de bois et de produits forestiers non ligneux) ; ils jouent également des rôles socio-culturels et écosystémiques.

I.3.3.1. Fonctions écosystémiques

Le Parc National de la Rusizi constitue un habitat préférentiel pour certains animaux (Oiseaux, hippopotames, etc.). Il est la dernière partie de la plaine de la basse Rusizi où la couverture végétale originelle et une partie de la faune ont pu persister aux pressions anthropiques et climatiques (Mugishawimana, 2011). La végétation caractérisée par *Hyphaene petersiana*, espèce endémique de la plaine de la Rusizi forme un paysage impressionnant et unique au monde. Ce parc contribue à la régulation du cycle de l'eau par le phénomène de rétention et d'évapotranspiration, à la protection du sol contre l'érosion, au maintien de l'environnement à proximité des cultures et des habitations.

D'un point de vue global, les forêts tropicales contiennent 37 % du carbone des forêts mondiales (Lescuyer *et al.*, 1999). Faisant partie de la forêt tropicale, le parc de la Rusizi contribue donc à ralentir ou atténuer le réchauffement climatique. Les forêts permettent de séquestrer le carbone dans leur biomasse végétale puis dans le sol.

I.3.3.2. Valeur touristique

Le Parc National de la Rusizi doit son grand potentiel touristique à sa proximité de la ville de Bujumbura. Considéré comme dernier refuge pour les grands mammifères et comme un site ornithologique accueillant aussi bien des oiseaux migrateurs que sédentaires avec plusieurs points de vue magnifiques sur la rivière Rusizi, le lac Tanganyika et les lagunes du Delta de la Rusizi, le Parc National de la Rusizi se montre en paysage varié et impressionnant offrant des possibilités de jolies promenades. Elle se prête à des excursions à vélo, à pied, en véhicule ou même en bateau dans la Rivière Rusizi, les lagunes et le lac. Le Secteur Delta est l'un des premiers sites du pays qui accueille beaucoup de touristes.

I.3.3.3. Valeurs socio-économiques

Les produits forestiers ligneux et non ligneux sont prélevés pour de multiples usages par les populations riveraines du parc de la Rusizi et celles de Bujumbura. L'usage de bois comme source d'énergie domestique (bois de chauffe, charbon de bois) est fréquent dans la région riveraine. Les espèces d'Acacia (*Acacia polyacantha, Acacia albida*, etc.) sont beaucoup plus visées pour le charbon de bois.

Les bergers, les riverains, les enfants y prélèvent des produits comestibles comme les fruits, les champignons, etc. D'autres produits végétaux sont utilisés en artisanat pour la fabrication des nattes, corbeilles, plafonds, paniers, pilons et autres. Pour les nattes, il s'agit essentiellement de *Cyperus laevigatus, Cyperus articulatus* et *Typha domingensis*. Certaines espèces végétales présentes dans le Parc sont utilisées à des fins médicinales pour plusieurs usages thérapeutiques.

Des prélèvements d'animaux par moyen de chasse, pêche ou piégeage sont effectués visant surtout les consommations dans les ménages, mais aussi pour des raisons de commerce (peaux, ongles, sabots).

Selon Mugishawimana (2011), le Parc de la Rusizi possède une ressource minérale hautement exploitée. Il s'agit de l'efflorescence saline (sodique, magnésienne ou sodico-magnésiens) qui s'observe dans la localité de

Mahotera du Secteur Delta et de Gasho du secteur palmeraie. L'exploitation de cette ressource est faite en vue d'avoir de terres salées, « Igitumba » pour l'alimentation animale et « Intigita » pour l'alimentation humaine.

I.3.3.4. Fonctions socioculturelles

Le parc de la Rusizi joue également des rôles socio-culturels. Il constitue des lieux de récréation pour les populations riveraines, pour les touristes ou les différents acteurs de développement qui travaillent dans la zone. L'élevage extensif pratiqué dans le parc constitue un élément important de la culture traditionnelle burundaise.

Il est cependant en train d'être remplacé par l'élevage en stabulation permanente afin d'utiliser les zones traditionnellement réservées à l'élevage dans la nutrition des populations de plus en plus croissantes.

I.3.3.5. Valeurs scientifiques et éducationnelles

Le Parc National de la Rusizi a une haute valeur scientifique comme espace privilégié où les interactions écologiques peuvent être observées et étudiées. Il constitue un point fort d'attraction à de nombreux scientifiques de par le monde. Il y va de même pour les chercheurs, la recherche sur les oiseaux, les poissons, les crocodiles, les hippopotames et la dynamique de la végétation étant les principaux atouts scientifiques pour le moment. L'accessibilité facile du Parc ouvre un grand potentiel éducatif pour les écoles, les universités, la population de Bujumbura et des alentours ainsi que des étrangers résidents ou visiteurs.

Dans le cadre de notre étude, nous nous attarderons sur certaines notions à savoir : Impact environnemental, activités anthropiques, formations végétales, approche systémique.

I.3.4. Principales menaces à la conservation du parc national de la Rusizi

Les changements incessants de dénomination du parc national de la Rusizi constituent une menace à la conservation du parc. Dans les années 1980, un décret n° 100/47 du 3 Mars 1980 portant création et organisation de l'Institut National pour la Conservation de la Nature (INCN) et a ainsi créé la Réserve naturelle de la Rusizi.

En 1990, la Réserve Naturelle de la Rusizi est déclarée « Parc National » avec deux parties géographiquement séparées : le Secteur Palmeraie et le Secteur Delta. Par le décret N°100/007 du 25 Janvier 2000 portant délimitation d'un Parc National et de quatre Réserves Naturelles, les limites de cette aire protégée ont été fixées et le Parc est redevenu ainsi une Réserve Naturelle. Ce changement de Parc en Réserve a abouti à une réduction de cette aire protégée de 12000 ha à 5456 ha en faveur de l'agriculture, de l'élevage (Nzigidahera, 2003).

En 2011, la Réserve naturelle de la Rusizi change encore de dénomination et est redevenue parc national de la Rusizi. Ce changement de dénomination et des nouvelles règles qui en découlent concourent à modifier les dynamiques locales et régionales parfois de façon drastique. Il s'en est suivi ainsi une distribution anarchique des terres aux personnes non riveraines dominées par des autorités militaires et administratives (Nzigidahera, 2003).

La démographie galopante autour du Parc National de la Rusizi due notamment aux réfugiés de guerres civiles constitue une menace importante. En effet, les guerres socio-politiques qu'ont connues le Burundi et la RDC ont abouti à des mouvements intenses des déplacés et rapatriés ; les fortes augmentations des effectifs de la population ayant été observées dans les zones riveraines dont Gatumba et Gihanga (Nsengiyumva, 2013). Cela a eu pour conséquences l'exploitation anarchique de cette aire protégée.

De plus, situé respectivement à 15 km et à 25 km de la capitale Bujumbura et d'Uvira (RDC) avec en son milieu la ville de Gatumba, le Parc National de la Rusizi offre de meilleures possibilités d'exploitation et constitue le meilleur point d'attraction de main d'œuvre provoquée par l'extension des plantations industrielles cultivées dans la plaine de la Rusizi.

L'espèce végétale du nom de *Lantana camara* constitue également une menace incontestable. En effet, distribuée tout au long des pistes d'observation et se développant sur sol sableux exondé, cette espèce produit de nombreuses graines. Elle s'installe après défrichement d'aménagement, inhibe finalement les autres espèces et occupe le terrain (Nzigidahera, 2003).

En fleur presque toute l'année, *Lantana camara* prend le devant et envahit chaque site mis à découvert, suite à ses graines qu'elle émet en abondance. Bien cette espèce ait façonné un type de formation végétale avec un biotope préféré par les animaux comme les oiseaux, site de repos d' antilopes, la surface qu' elle a déjà envahie au niveau de la Rusizi est de plus en plus importante ; ce qui modifie complètement l'habitat dans la mesure où cette plante qui inhibe la présence des autres espèces donne lieu à un espace très fermé non propice aux antilopes (Nzigidahera, 2008).

Une autre menace à signaler est le risque de pollution des sols et des sources d'eau de l'aire protégée à cause de l'utilisation des produits chimiques polluants dans les plantations industrielles voisines.

I.3.5. Activités anthropiques

L'occupation humaine intense de cette partie de l'Imbo (plaine de la Rusizi) ne remonte qu'à quelques dizaines d'années, à la faveur de l'installation des paysannats des années 1950-1960. Les premiers travaux de défrichement et de lutte contre les glossines et les moustiques se déroulèrent sans trop de difficultés. Le gibier fut abattu ou déserta cette région devenue hostile (Reekmans, 1982).

Pour satisfaire aux besoins sans cesse croissants du bétail en surnombre, les éleveurs durent s'approprier de nouveaux espaces et en usant régulièrement des feux, ils s'attaquèrent aux bosquets xérophiles et à la palmeraie dense. Chaque année, 60 à 80 % du secteur étudié sont soumis, au moins une fois, aux feux de brousse. II faut peut-être préciser, que les feuilles pendantes et sèches d'Hyphaene constituent un matériau de choix pour assurer la propagation du feu, attisé par les vents violents de saison sèche (Reekmans, 1982).

Ntakimazi *et al.*, 2000 affirme que depuis 1989, cette partie de la plaine a été érigée en Parc National, pour y protéger les formations végétales et la faune caractéristiques contre les dégradations induites par l'homme et y organiser un tourisme à partir de la ville de Bujumbura qui est à moins de 15 km.

Toute exploitation étant interdite dans le parc, l'INECN qui est une structure étatique chargée de la protection et de la gestion des aires protégées, a mis en place des services chargés de la surveillance de l'aire protégée (gardes). Ces agents de surveillance assistent impuissamment les exploitants des terres et prélèvements de toutes sortes (Nzigidahera, 2011).

Le secteur palmeraie est convoité par les habitants de la ville de Bujumbura: la collecte des PFNL, les besoins agricoles ou les besoins en bois-énergie se satisfont tous sur le même écosystème. Selon Vermeulen *et al.*, 2010, les superficies se réduisent et leur composition floristique est sans doute appelée à se modifier rapidement sous l'effet de rotations courtes.

La plupart des activités humaines modifient plus ou moins profondément le fonctionnement des écosystèmes ou l'état de certains éléments de l'environnement, dont bien entendu les êtres humains. Les diverses activités susceptibles d'être néfastes pour l'environnement ne présentent pas toutes la même intensité. La prise en compte de l'impact environnemental des activités humaines requiert une compréhension des éléments et des problèmes impliqués, ainsi que l'emploi judicieux d'outils d'analyse et de gestion (Gaétan *et al.*, 2000).

I.4. Questions de recherches et hypothèses

La prise en compte de l'environnement dans la gestion des affaires humaines est une activité relativement nouvelle. L'actuel engouement pour l'utilisation des études d'impacts environnementales, particulièrement dans les pays dits «en voie de développement», relève en grande partie de la mondialisation des préoccupations environnementales (Hydro-Québec, 1992).

La mise en place de procédures d'études d'impacts environnementaux par les grands bailleurs de fonds internationaux, notamment de la part de la Banque mondiale, en est un exemple patent (Gaétan *et al.*, 2000).

Dans le présent mémoire, l'hypothèse centrale s'appuie sur l'idée que les formations végétales, jadis caractéristiques du parc naturel de la Rusizi, sont en disparitions suite aux activités anthropiques. Pour tester cette hypothèse, des sous-hypothèses ont été formulées.

La terre constitue une ressource importante dans beaucoup de pays et surtout le Burundi, ce qui entraine la substitution de la forêt du parc de la Rusizi en cultures agricoles et d'autres activités sociales comme le cimetière. Les études antérieures ont montré que les populations riveraines vivant depuis plusieurs dizaine d'années autour de cet écosystème perdurent jusqu'à nos jours et y pratiquent des activités diverses (Nzigidahera, 2000).

C'est de cette approche que nous formulons ces hypothèses :

Hypothèse 1 : Les activités agricoles seraient à l'origine de la disparition des formations végétales au parc national de la Rusizi/ Secteur palmeraie.

Hypothèse 2 : Les populations riveraines s'approvisionnent du secteur palmeraie du parc national de la Rusizi, des ressources végétales variées en fonction de leurs usages.

Hypothèse 3 : Les peuplements des espèces ligneuses du secteur palmeraie se trouvent dans un système d'évolution régressif irréversible.

A la lumière de ce qui précède, notre problématique se structure dans une suite des questions subsidiaires auxquelles ce mémoire souhaite apporter des contributions :

- L'agriculture serait-elle à la base de la disparition des formations végétales du secteur palmeraie de la Rusizi ?
- Le prélèvement des espèces végétales serait-il la cause de la régression des peuplements végétaux du secteur palmeraie ?
- Quelle est la tendance évolutive des peuplements des espèces ligneuses du secteur palmeraie ?

I.5. Objectifs de l'étude

L'objectif de l'étude est d'identifier et analyser les impacts des activités anthropiques sur les peuplements végétaux du secteur palmeraie du parc National de la Rusizi.

Les objectifs spécifiques sont :

- Mettre en place une carte des activités du parc de naturelle de la Rusizi.
- Déterminer la fréquence des prélèvements des espèces végétales et leurs usages dans le quotidien des riverains du secteur palmeraie.
- Déterminer le stade d'évolution des espèces ligneuses d'importance socioéconomique du secteur palmeraie.

A travers cette étude, les éléments à toucher sont les activités anthropiques, peuplements végétaux représentés par les espèces de grande valeur socio-économique, espèces végétales menacées ainsi que les solutions à y apporter.

I.6. Pertinence du sujet avec l'approche systémique

Notre travail porte sur les études d'impacts des activités anthropiques sur les peuplements végétaux du parc national de la Rusizi/secteur palmeraie. Les aires protégées sont considérées comme un des outils les plus efficaces pour la conservation de la biodiversité. Les écosystèmes qu'elles renferment ainsi que les services associés, déjà limités, doivent cependant aujourd'hui faire face à de nombreuses pressions, dont celles des activités anthropiques et par conséquent du changement climatique considéré comme l'une des plus importantes menaces qui pèse sur la biodiversité.

En outre, les populations riveraines cherchent à satisfaire les besoins quotidiens par prélèvements illicites et agriculture. Les causes sont les faibles revenus, manque de formation et de motivation des agents, mécontentement et faible niveau de compréhension des riverains. Les solutions à cette problématique réside dans la création des activités économiques qui puissent créer les incitations au niveau local remplaçant les activités illicites que le parc est en train de subir.

L'exploitation illicite de l'aire protégée diminue la capacité de séquestration du carbone. Le CO_2 et d'autres gaz à effets de serres issus des activités anthropiques participent à la destruction de l'Ozone, alors qu'il protège contre les effets des rayons ultra-violets qui nuisent sur les vies humaines.

La valeur de la préservation du parc de la Rusizi se mesure aux services rendus dont la jouissance est immédiate : (plantes à usages médicinales, fruitières, artisanales, construction, etc.) et/ou étalée dans le temps (protection de bassins hydrographiques, pollinisation, stabilisation du microclimat local, régional voire international). L'*Hyphaene petersiana* offre un paysage impressionnant pouvant intéresser les touristes.

Si les ressources naturelles subissent des effets irréversibles par suite des activités égoïstes et à court terme, les générations présentes et futures en payeront le prix. Les aires protégées ne joueront plus leur rôle dans la protection des communautés vis-à-vis des menaces environnementales ; ces populations seront alors plus vulnérables.

CHAPITRE II
MILIEU D'ETUDE

II.1. Localisation

La rivière Rusizi, exutoire du lac Kivu vers le Sud, serpente, dans son cours inférieur, dans une large plaine (3000 km^2) avant de déboucher à l'extrémité Nord du lac Tanganyika par un vaste delta. Bordée à l'Ouest et à l'Est par les escarpements de la branche occidentale des rifts de l'Afrique orientale, cette plaine est partagée entre le Burundi, la République Démocratique du Congo (RDC) et le Rwanda (Ntakimazi *et al.*, 2000).

Au Burundi, la plaine de la Rusizi se situe dans l'Imbo, c'est-à-dire dans la région naturelle la plus occidentale et la plus basse en altitude du pays (Lewalle, 1972), elle en occupe le secteur nord. L'altitude varie entre de 775 m, le niveau moyen du lac Tanganyika, et l'isohypse de 1000 m marquant le début des escarpements. Elle est limitée par les parallèles 2" 36' et 3" 24' de latitude sud et par les méridiens 29" 00' et 29" 26' de longitude Est. Son altitude moyenne varie entre 775 mètres, dans le delta de la Rusizi, et 1000 mètres, isohypse marquant le début de l'abrupt de faille, vers l'est (Reekmans, 1982). Ce Parc comprend deux parties séparées: le secteur Palmeraie au Nord (4390 ha) et le secteur Delta (1066 ha) autour de l'embouchure de la Rusizi (Nzigidahera, 2003).

Le secteur Palmeraie faisant l'objet de notre étude, est limité à l'Est par la Route Nationale (RN5) Bujumbura - Cibitoke jusqu'au km 28, à l'Ouest par la rivière Rusizi et au Sud par la rivière Mpanda. Ce Parc devrait contribuer entre autre à protéger une forêt xérophile caractérisée par un palmier endémique, *Hyphaene petersiana*. La figure 2 représente le parc national de la Rusizi qui est subdivisé en secteurs palmeraie et delta. Le secteur palmeraie est subdivisé en domaine privé de l'Etat, zone tampon et la zone de protection intégrale.

La figure n°2 représente la localisation du parc national de la Rusizi au sein de l'ensemble des aires protégées du Burundi. Le parc de la Rusizi est classé dans la catégorie I de l'UICN (1994).

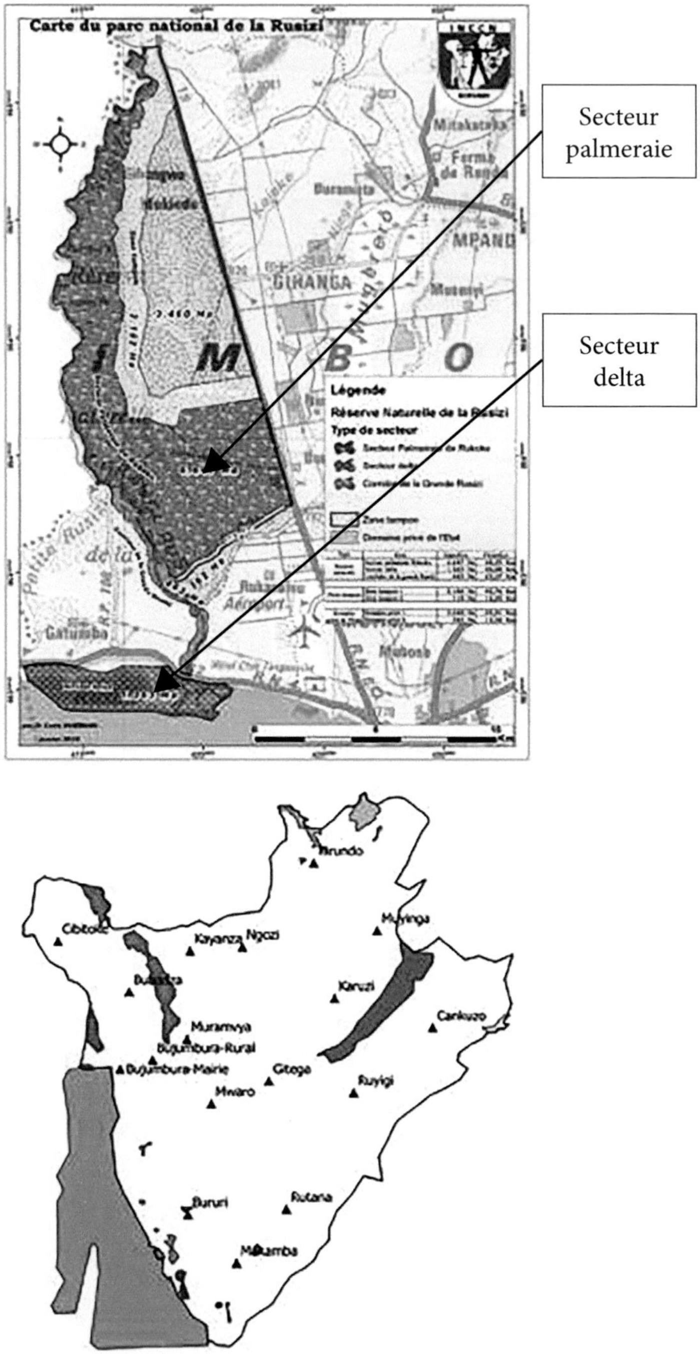

Figure 2 : Carte de localisation du parc national de la Rusizi

II.2. Géologie

La géologie du Burundi en général et de la plaine de la Rusizi plus particulièrement est liée aux grands mouvements tectoniques qui ont modelé le relief de l'Est de l'Afrique et surtout à la grande fracturation du Continent qui, à la fin du tertiaire, a individualisé le fossé du lac Tanganyika.

La Réserve Naturelle de la Rusizi qui fait partie de la plaine de la basse Rusizi a une histoire géologique fortement liée à celle du lac Tanganyika. Pour Cahen (1954), la formation de la rivière Rusizi remonte du Pléistocène, âge plutôt récent par rapport à celui du lac Tanganyika. En effet, l'origine du lac Tanganyika remonte à la grande fracturation de l'Afrique Orientale qui, à la fin du tertiaire, s'est superposée à d'autres phénomènes d'effondrement datant du jurassique.

Pour Sah (1967), le dépôt des premiers sédiments lacustres et fluviatiles dans le fond du Graben semble remonter à la fin du Tertiaire. A cette époque, le lac Tanganyika occupait une superficie bien plus importante qu'à l'heure actuelle et son rivage nord atteignait au moins le barrage de basaltes issu des coulées de laves des volcans du Kivu. D'autres phénomènes d'effondrement au Pléistocène inférieur, moyen et supérieur sont responsables de l'exondation progressive de la majeure partie de la plaine de la Rusizi.

L'exondation de la basse vallée de la Rusizi remonte probablement d'un siècle et date vraisemblablement de 1879. A ce moment, à la suite d'un affaissement du seuil de la Lukuga (exutoire du lac Tanganyika), les eaux du lac Tanganyika se sont engouffrées dans le Congo et ont provoqué un abaissement important du niveau des eaux du lac.

Cet abaissement a permis par le fait même la mise en place des alluvions fluviatiles et lacustres les plus récentes du Delta. C'est d'ailleurs dans ces alluvions que la Rusizi a creusé et creuse encore chaque fois son lit.

La configuration mouvante des secteurs les plus jeunes de la plaine de la basse Rusizi résulte de phénomènes géologiques récents, voire même très récents ou actuels. Elle est notamment liée d'une part aux déplacements successifs du lit de la Rusizi de la République Démocratique du Congo vers le Burundi (Reekmans, 1980), d'autre part aux variations parfois spectaculaires du niveau des eaux du lac Tanganyika. A propos du lac Tanganyika en 1994, le niveau des eaux du lac a fortement diminué ce qui a occasionné un assèchement des lagunes (marais de Gatumba) et des différents points d'eau. Un phénomène inverse observé en 1998 a été décrit par Ntakimazi *et al.* (2000) où les eaux du lac ont monté de plus d'un mètre lors des phénomènes ELNIÑO.

II.3. Pédologie

Le système pédologique de la Réserve Naturelle de la Rusizi, comme l'ensemble de la plaine de la Rusizi, est une mosaïque compliquée des sols différents d'origine à la fois lacustre et fluviatile (fig. 3).

- **Sols d'origine lacustre**

Reekmans (1980) distingue quatre types de sols dans les formations lacustres : les vertisols, les solonetz, les sols bruns eutrophes et kaolisols lessivés.

Les vertisols sont des « argiles noires tropicales », couleur liée à la nature du complexe argilo-humique. Ce sont des sols hydromorphes riches en sels solubles et à pH élevé. Ces vertisols sont imperméables, gorgés d'eau pendant la saison pluvieuse et très durs et striés de fentes pendant la saison sèche. Les vertisols offrent un drainage interne médiocre ou lent avec une perméabilité faible ou nulle mais une bonne fertilité.

Les solonetzs occupent les parties hautes des replats morphologiques. Ils ont un horizon A peu profond, sableux, très pauvre et nettement acide, dominant un horizon B argileux et imperméable et un horizon C très chargé en sels minéraux. Seul l'horizon A permet un développement du système radiculaire. Arides pendant la saison sèche, les solonetzs sont chargés d'eau pendant toute la saison des pluies.

Les sols bruns eutrophes n'ont que des espèces très limitées dans cette partie de la plaine notamment quelques versants des dépressions découpant la plaine lacustre et la périphérie des plages de vertisols. Ils sont perméables et toujours bien drainés, ils ont un horizon A à humus très doux reposant sur les roches riches en alcalino-terreux.

Les kaolisols lessivés se rencontrent le long de la première terrasse de la Rusizi et dans les thalwegs des rivières temporaires. Ils sont pauvres en matières organiques. Ils ont un horizon A de structure très légère et partant perméable. Ils subissent des engorgements de surface fréquents mais temporaires.

- **Sols d'origines fluviatiles**

Cette entité groupe les alluvions anciennes, récentes et actuelles de la Rusizi ainsi que les formations du Delta de la Rusizi. Ces dépôts sont sous l'influence directe (engorgement, submersion) ou indirecte (nappe phréatique battant à faible profondeur) des eaux à haute salinité de la Rusizi.

Les alluvions anciennes sont très largement répandues et occupent les deux replats morphologiques qui surplombent la Rusizi sur la plus grande partie de son cours inférieur. Riches en éléments micacés, elles présentent une texture très meuble et un pouvoir filtrant élevé. Les alluvions récentes se limitent à la seule terrasse basse de la Rusizi et sont sous la dépendance directe de sa nappe phréatique, à forte salinité. Leur pH est constamment élevé.

Les alluvions actuelles sont des sols très jeunes qui n'occupent que des franges très étroites le long de la Kajeke et dans les méandres recoupées de la Rusizi. De type hydromorphe, ces sols se caractérisent par leur horizon A para-tourbeux et leur engorgement quasi-permanent.

La figure n°3 représente des sols d'origines fluviatiles du parc national de la Rusizi.

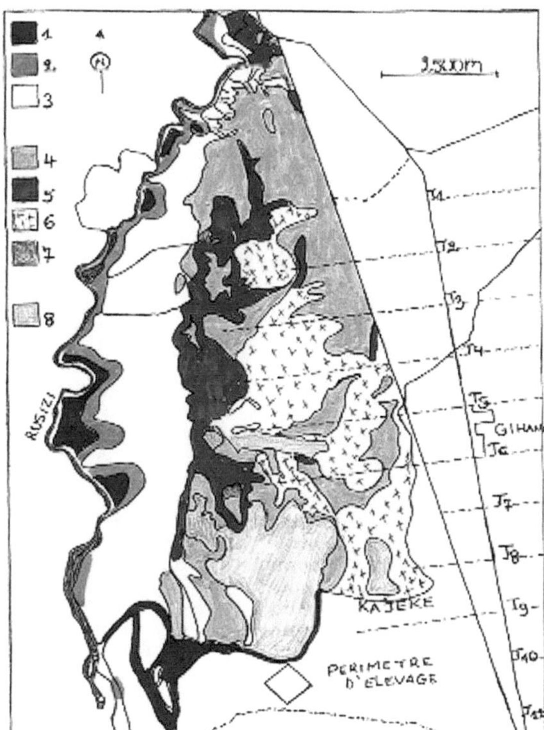

Figure 3 : Carte des sols de la plaine de la basse Rusizi (ISABU, 1972)
Alluvions fluviatiles : 1 : actuelles; 2 : récentes; 3 : anciennes
Alluvions lacustres : 4 : solnetz; 5 : Kaolisols lessivés; 6 : vertisols; 7 : sols bruns eutrophes; Formations dunaires : 8

II.4. Climat

Comme l'ensemble de la basse Rusizi, la Réserve Naturelle de la Rusizi jouit d'un climat de type (AW) 4S, selon la classification de Köppen. Le total des précipitations annuelles atteint 615,65 mm avec une moyenne mensuelle de 58,5 mm. Comparativement aux autres régions du Burundi, la plaine de la Rusizi souffre d'un déficit chronique de précipitations. Au cours de ces dernières années, on constate une baisse nette des précipitations qui ont été caractérisées par des périodes sèches désastreuses. La température moyenne annuelle est la plus élevée du pays de l'ordre de 24,4°C et est restée pratiquement constante au cours de vingt dernières années. Les amplitudes de variations annuelles sont faibles; on note des minima en saison sèche et des maxima en début de saison des pluies. Les amplitudes moyennes journalières sont fortes en saison sèche qu'en saison des pluies.

La figure n°4 montre les variations moyennes des températures(T en °C) et des précipitations (P en mm) à la station Bujumbura-aéroport.

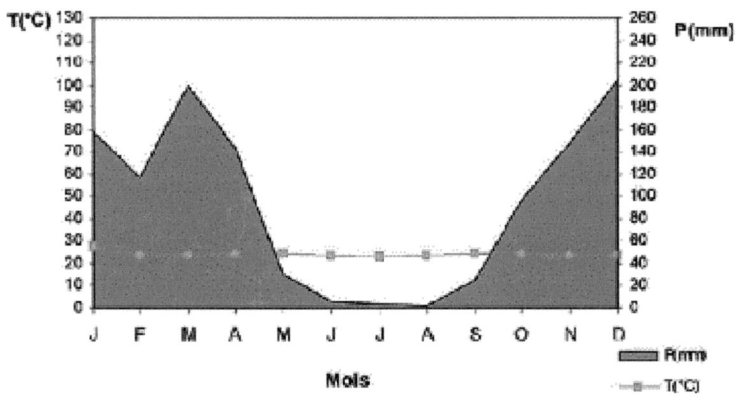

Figure 4 : Diagramme ombrothermique construit sur base des données climatologiques de 2008 à 2012 (Station Bujumbura-aéroport)

II.5. Hydrologie

Le réseau hydrologique de la plaine fait partie du bassin du lac Tanganyika, lui aussi faisant partie du grand bassin du Congo. La rivière Rusizi prend son origine au lac Kivu à une altitude de 1473 m. La vallée supérieure a une différence de niveau important de 1,30% en moyenne. Dans la vallée basse, la différence de niveau est limitée entre 0,2 et 0,05% et la rivière creuse son lit à travers ses propres sédiments (Ntakimazi *et al.*, 2000).

Des anciens lits sont à plusieurs endroits transformés en marais. D'après Capart (1956), le lit original de la rivière se trouvait beaucoup plus vers l'Ouest et s'est déplacé progressivement vers l'Est. Cette situation tend à s'inverser actuellement. En effet, au niveau du Delta, la grande Rusizi se déplace vers l'Ouest et 3 de ses petites branches qui atteignaient le lac Tanganyika se sont desséchées.

Après un parcours d'environ 150 Km du lac Kivu, la rivière Rusizi reçoit de nombreux affluents qui descendent des massifs d'Itombwe du côté de la République Démocratique du Congo et de la Kibira du côté burundais (Ntakimazi *et al.*, 2000). Dans la plaine de la basse Rusizi, il s'agit notamment des rivières Kajeke et Mpanda. La Kajeke prend ses origines dans les contreforts du Mumirwa. Elle entre dans la Réserve (Secteur Palmeraie) où elle est canalisée jusqu'au niveau de l'étang Kimirabasore. Elle n'a pas de sortie directe dans la Rusizi mais y est connectée à travers les marais.

La rivière Mpanda prend son origine dans la forêt de la Kibira. Elle délimite la partie Sud-Ouest dans la Réserve et se déverse dans la grande Rusizi. Avant de déboucher à l'extrémité Nord du lac Tanganyika par un vaste Delta, la Rusizi trace un cours sinueux et coule souvent entre les falaises abruptes atteignant une dizaine de mètres de haut tandis que les affluents qui débouchent dans la plaine y déposent de véritables cônes de piedmont, provoquant un réseau hydrologique changeant (Ntakimazi, 2000).

Au niveau du Secteur Palmeraie de la Réserve Naturelle de la Rusizi, la Rusizi se subdivise en deux branches : « Grande Rusizi » à l'Est et « Petite Rusizi » à l'Ouest laissant à l'intérieure une zone de plaine. Cette dernière apparaît comme un complexe alluvionnaire caractérisé par une succession des phases d'érosion et de sédimentation en relation avec les fluctuations du niveau du lac (Nzigidahera, 2003).

II.6. Milieu humain

II.6.1. Population de la commune Gihanga

La commune de Gihanga est peuplée de 92 949 habitants répartis dans 18282 ménages sur 254,34 km^2, soit une densité de 365,45 hab/km^2 (Rapport annuel, 2013). Les villages riverains du Secteur Palmeraie sont Gihungwe, Kagwema, Gihanga, Rumotomoto et Buringa. Actuellement, il existe des villages qui se trouvent à l'intérieur de la réserve. Il s'agit des villages liés à des activités agricoles et d'élevage pratiqués dans la réserve. Le village de

Kagaragara est localisé au Sud et s'occupe de la culture du riz. La population du village de Gasho situé en bordure de la rivière Rusizi s'occupe de l'élevage et surtout de la culture du riz.

Le tableau n°2 montre la répartition de la population de la commune de Gihanga.

Tableau 2 : Répartition de la population de la commune de Gihanga

Zone	Collines	Nombre de ménages	Population résidente
Gihanga	Buramata	949	4782
	Ndava-Busongo	1096	5670
	Gihanga	2841	15406
	Karwema	1083	4699
	Gihungwe	1095	5214
	Kizina	982	5246
	Murira	1281	6681
	Rumotomoto	1510	7395
	Rugunga	1918	9815

Tableau 2 : Répartition de la population de la commune de Gihanga (suite)

Zone	Collines	Nombre de ménages	Population résidente
Buringa	Buringa	1049	5262
	Nyeshanga(V3)	1315	7117
	Ninga(V4)	1380	7045
	Mpanda(V5)	1009	5119
	Bwiza bwa Ninga	774	3544
Total	**14 Collines**	**18282**	**92949**

Source : Rapport annuel 2013 de la Commune Gihanga

II.6.2. Activités socio-économiques

II.6.2.1. Agriculture

Le secteur palmeraie est une zone convoitée par les riverains et certaines hautes personnalités de Bujumbura. Les différentes modifications subies (tantôt Parc tantôt Réserve) ont fortement affectées cet écosystème.

Des superficies de 2036 ha à Cabiza et de 2303 ha de Kagaragara ont été consacrées à l'élevage extensif au moment où 2240 ha de Gihanga-Kimirabasore et 642 ha de Kagaragara ont été destinés à l'agriculture irriguée (Nzigidahera, 2011). La riziculture irriguée constitue une occupation primaire dans la partie de Gihanga-Kimirabasore où les eaux de la Kajeke sont utilisées dans l'irrigation. La riziculture est également observée à Kagaragara et à Gasho en pleine palmeraie.

Les pratiques culturales les plus déterminantes sont le labour, l'installation d'une pépinière/repiquage, la gestion de l'eau d'irrigation et l'application de fertilisants. La forte immigration encouragée par les autorités administratives avec l'installation des paysannats cotonniers dans les années 1950, la reproduction naturelle de la population et l'engouement pour cette culture ont fait que beaucoup de gens se sont rués vers cette zone (Ntakimazi *et al.*, 2000). On y cultive également des tomates, de manioc, de bananiers, de manioc et de patate douce, etc.

La photo n°1 montre les champs des cultures vivrières dans le parc, près de l'étang de Kimirabasore, dont les coordonnées sont : X : 35M 075523 ; Y : 9642569 et Z : 812 m avec 3m de précision.

Nous voyons au premier plan, une association des cultures de maïs et de manioc et à l'arrière-plan, ce sont des espèces d'*Hyphaene petersiane, Euphorbia candelabrum* et des jeunes *Balanites aegyptiaca*. La photo n°2 montre un champ de pomme de terre à Gako (périmètre de l'éléphant sur la rive de la rivière Rusizi limitant le Burundi et la RD Congo et quelques pieds isolés d'Hyphaene petersiana. A l'horizon, sur chaque rive de la rivière Rusizi, nous observons une abondance de *Phragmites mauritianus*. Les coordonnées géographiques relatives à cette prise de photo n°2 sont : X : 35M 0750085 Y : 9653670 ; Z : 788m avec une précision de 3 m.

Photo 1 : Champs des cultures vivrières à Kimirabasore (Photo prise par Habonimana, 2014)

Photo 2 : Champs de pomme de terre à Gako (Photo prise par Habonimana, 2014)

Le cotonnier préfère des sols homogènes, profonds, perméables, à bonne rétention en eau et riches en éléments nutritifs. Un labour bien fait permet d'obtenir un bon rendement (Lagière, 1966). Un mauvais sarclage expose l'exploitant à une chute de productivité pouvant atteindre 80% du rendement potentiel du champ (COGERCO, 2002). Il s'en suit en général pour l'un ou l'autre des modes employés, une opération de labour des champs afin de procéder aux semis (Gomgnimbou *et al.*, 2010).

Un périmètre cotonnier de plus de 400 ha est exploité à Cabiza sur le premier replat de la Rusizi au Nord de la troisième transversale (TV3). Plusieurs agriculteurs venant des communes environnantes exploitent le coton sous l'encadrement de la COGERCO (Nzigidahera, 2011).

La photo n°3 ci-dessous montre les champs de coton en pleine parc des populations environnantes encadrées par la COGERCO et au premier vu, le sous-bois est constitué par le même coton et vers l'horizon ce sont des espèces surtout d'*Hyphaene petersiana, Euphorbia candelabrum*. Les coordonnées prises à cet endroit sont : X : 35 M 0749987 ; Y : 9648873 ; Z : 816 m avec 3 m de précision.

Photo 3 : Cultures de coton en pleine palmeraie à Karwema (Photo Habonimana, Février 2014)

La plantation de canne à sucre occupe une étendue énorme depuis la TV3 jusqu'au-delà de la TV 7 sur les vertisols. Elle descend jusqu'en bordure de la palmeraie du premier replat de la Rusizi. Cette culture en progression tend à supplanter la riziculture des TV7-9 devenue actuellement impossible suite au drainage des eaux de Kajeke en faveur de la canne à sucre. La photo n°4 montre la culture de la canne à sucre en bordure de la TV3 et s'étend à plusieurs km jusqu'à TV8. Les coordonnées prises sur le lieu sont : X : 35M 0750331 ; Y : 9648899 ; Z : 820m avec 3m de précision.

Photo 4 : Cultures de canne à sucre le long de la TV3 à Karwema (Photo Habonimana, Février 2014)

II.6.2.2. L'élevage

L'élevage constitue l'une des activités économiques des populations riveraines du secteur palmeraie, qui sont pour la plupart des agro-pasteurs. Il s'agit d'un type d'élevage traditionnel extensif. Le cheptel comprend essentiellement les bovins, ovins, caprins et volailles. La plupart de ces animaux sont en divagation dans le parc, ce qui provoque souvent de petits conflits entre agriculteurs et éleveurs.

La photo n°5 révèle la présence permanente des bétails dans le parc. C'est vers la route qui mène vers ISABU Rukoko, où des veaux divaguent en eux-mêmes. Au niveau de l'arrière-plan, il existe plusieurs étables construites avec des matériaux prélevés dans le même parc. Les coordonnées prises à cet endroit sont : X : 35 M 0752329 ; Y : 9640567 ; Z : 806 m avec 3 m de précision.

Photo 5 : Elevage en pleine palmeraie vers ISABU Rukoko (Photo prise par Habonimana, Mars 2014)

Seul ISABU Rukoko pratique un Elevage intensif et semi-intensif sur plus de 268 ha.

Le tableau n°2 montre l'évolution du cheptel en commune Gihanga.

Tableau 3 : Développement de l'élevage

Elevage	Nombre de têtes 1er Semestre (Juin)	Nombre de têtes 2ème Semestre (Décembre)
Vaches	67440	71 240

Caprins	51484	58170
Ovins	1331	1403

Source : Rapport annuel 2013, Commune Gihanga

II.6.2.3. Prélèvement des espèces végétales

Les ressources végétales prélevées par les populations riveraines du parc de la Rusizi servent aux multiples usages. La fabrication du charbon de bois est une activité très intense dans le secteur palmeraie, elle fournit de l'énergie pour le chauffage et la cuisson des aliments. Le bois est également utilisé en construction et artisanat. Généralement, les femmes partent dans la forêt, les champs et les jachères pour le ramassage du bois de feu.

Certaines espèces végétales jouent également un rôle important en offrant aux populations riveraines des possibilités de diversification de leurs revenus (divers produits commercialisés le long des routes ou dans les centres urbains), de leur alimentation et surtout pour usage médicinale.

Les maisons en matériaux locaux donne à constater combien le parc reste un site important de prélèvement de plusieurs espèces de plantes pour la construction.

D'une manière générale, ce sont les perches des espèces comme *Acacia albida, Acacia hochii, Acacia sieberana, Balanites aegyptiaca, Rhus longipes, Vernonia amygdalina, Acacia polyacantha* etc. Certains toits des maisons sont cordés par le rachis d'hyphaene avant le dépôt des tôles ou de pailles. Les pailles sont dominées par *Imperata cylindrica et les phragmites* sont utilisés dans la fabrication des plafonds, clôtures et paillotes.

Le palmier *Hyphaene petersiana* de la plaine de la Rusizi est fortement exploité pour des intérêts divers (Nijimbere, 2006). Ce faux palmier, le plus dominant du Secteur Palmeraie rentre dans plusieurs usages et subit des prélèvements excessifs sur presque tous ses organes (troncs, feuillage, fruits). L'utilisation de ces organes est remarquable à Gatumba, à Gihanga et en mairie de Bujumbura.

Le tronc d'*Hyphaene* est une ressource fortement sollicitée par l'homme pour ses multiples utilisations. Cela étant lié à leur résistance à la salinité et aux termites et à la leur grande durabilité naturelle (Nzigidahera *et al.* 2007).

Les usages des troncs d'hyphaene sont nombreux entre autres la construction des cabarets et des étables. Ils sont également utilisés dans la clôture des parcelles et matériels de fabrication des pirogues de pêche, d'auges pour les porcs, les bovins ainsi que des ruches pour l'apiculture traditionnelle. Ce sont les mêmes troncs qui servent à la construction des ponts et ponceaux de traversée des rivières et mares dans la plaine.

Les troncs d'hyphaene sont vendus aux cabaretiers, aux constructeurs des maisons et d'étables des régions environnantes et à ceux de Bujumbura la capitale. Cette exploitation illicite reste inquiétante dans la mesure où les riverains de Gatumba et Gihanga vivent aux dépens de cette activité. Les photos n^{0}5 et 6 représentent respectivement des troncs d'*Hyphaene petersiana* près à être embarqués par un véhicule à Buringa et le sort que subit les jeunes pieds de la même espèce lors des activités champêtres. Les coordonnées de ces endroits sont respectivement : X : 35M 0757046 ; Y : 9638421 ; Z : 807 m avec 3 m de précision et X : 35M 0756625 ; Y : 9638538 ; Z : 801 m avec 3 m de précision.

Photo 6 : *Hyphaene petersiana* abattu pour divers usage à Buringa (Photo Habonimana, mars 2014)

Photo 7 : Jeunes pieds abattus d'*hyphaene petersian*a lors de la préparation du Champs dans le parc à Buringa (Photo Habonimana, mars 2014)

Les pétioles d'*Hyphaene petersiana* interviennent comme les troncs dans la clôture des parcelles. Ils sont aussi utilisés dans la fabrication de portières, d'étagères et de lits. La région de la plaine de la basse Rusizi abrite peu d'essences ligneuses susceptibles d'être utilisés comme bois de chauffage. Par conséquent, les pétioles d'*Hyphaene* sont très appréciés par les habitants de Gatumba et de Gihanga pour cet usage à cause de leur disponibilité. Ils sont ramassés à terre par les femmes en vue de l'utilisation comme bois de chauffage ou pour la vente.

D'importantes quantités de pétioles sèches sont commercialisées dans différents marchés locaux. De même que les bûches de stipe, des camions garnis de pétioles oscillent sur les trajets Gatumba-Bujumbura et Gihanga-

Bujumbura. Ils approvisionnent les habitants de la capitale et des quartiers périphériques en cette ressource dont ils se servent pour la clôture des cabarets et de maison. La suprématie des pétioles du faux palmier réside dans sa disponibilité, son rôle esthétique, sa grande durabilité naturelle atteignant 10 ans sur la clôture et une rigidité exceptionnelle.

Les photos ci-dessous montrent les usages réservés aux pétioles. La photo n°7 représente à l'avant plan, l'installation d'un champ à la place qui était occupée par *Phragmites mauritanius.* La rivière Rusizi qui constitue un abreuvoir du grand bétail (Vaches) et les cultures se trouvant le long des voies des bétails sont susceptibles de prélevement et sont cloturés pour éviter des conflits potentiels agriculteur-éleveur.

A l'arrière-plan, nous obsevons *Phragmites mauritaniu* abondant sur les deux rives de la rivière Rusizi (Rive de la partie du Burundi et la Rive de la partie de la RDCongo). La photo n°8 représente l'usage des pétioles dans la construction des étables en pleine parc. A l'arrière-plan, nous observons des peuplements d'*Hyphaene petersiana* à l'intérieur desquels, d'autres étables sont construites par le même matériel. Les coordonnées prises à ces endroits sont respectivement : X : 35M 0750085, Y : 9653670, Z : 788m et X : 35M 0756625, Y : 9638421, Z : 801m.

Photo 8: Installation du Champs à la rive de la Rusizi vers Cabiza (Photo Habonimana, mars 2014)

Photo 9 : Etables dans le parc à Buringa (Photo Habonimana, mars 2014)

Les feuilles et les stipes constituent les parties d'Hyphaene les plus prélevées pour des fins commerciales. Elles sont des sources de revenus pour la plupart des ménages de Vugizo et aux vanniers de Buzige (en province de Bujumbura). Des feuilles encore jeunes sont prélevées sur des palmiers de plus de 5m à l'aide d'une faucille fixée au bout d'une longue verge (Nzigidahera, 2011). Ces palmes sont transportées par tête ou à vélo en fagots, du lieu de prélèvement au lieu de séchage.

Les folioles séchées sont vendues sur les marchés locaux et peuvent servir en vannerie. Certaines populations s'en servent pour la construction des maisonnettes. Bien que les vanniers consacrés (vivant de ce métier) soient localisés à Buzige, d'autres constitués par les femmes qui tissent les vans et les corbeilles à base de feuilles d'*Hyphaene* sont éparpillés dans les régions bordant la plaine de la basse Rusizi (Nzigidahera *et al.* 2007). Ainsi, de quantités non négligeables de feuilles inondent les marchés de Gatumba, Buringa, Musenyi, Muzinda, Mpanda, Bubanza, etc.

Divers objets sont fabriqués à base de ces palmes. On citerait notamment les nasses de pêche, les paniers, les nattes, des chapeaux, des sacs, des étagères, etc. Selon (Nzigidahera *et al.* 2007), le choix privilégié de cette ressource est essentiellement liée à la souplesse, la ténacité, la longévité, la disponibilité des feuilles de ce palmier sauvage. Les autres espèces pouvant jouer ce rôle n'ont pas toutes ces caractéristiques ou sont en danger notamment *Phoenix reclinata, Typha domingensis, Cyperus laevigatus.*

Le fruit d'*Hyphaene petersiana* est une drupe composée de plusieurs couches à usages multiples. C'est un combustible qui peut remplacer le charbon de bois dans les ménages.

Le fruit est préférée par les enfants et la consommation concerne l'albumen solide et liquide des fruits.

II.6.2.4. Extraction du sable dans le parc

L'extraction de sables est aussi une activité qui occupe la population surtout du côté de Buringa. Des constructions qui poussent comme des champignons dans la ville de Bujumbura et de ses environs ont besoin des grandes quantités de sables. Pour exploiter le sable, toute la végétation du lieu est coupée et *hyphaene petersiane* difficiles à couper sont laissés sur pied mais finiront par tomber en creusant sous ces derniers.

II.6.2.5. Activités d'inhumation dans le parc national de la Rusizi

Le cimetière de mpanda constitue un lieu important où les habitants de la ville de Bujumbura et ceux de la commune Gihanga enterrent leurs morts.

La photo ci-dessous montre la tombe qui est construite en béton sous forme d'une maison dans la localité de Mpanda, un lieu reconnue par la municipalité de Bujumbura. La photo n°9 dont les coordonnées géographiques du lieu sont : X : 35M 0756227 ; Y : 9639772 ; Z : 809 m, est un exemple patent d'une tombe construite en béton. A l'arrière-plan, il y a d'autres tombes qui progressent et en régressant les peuplements végétaux.

Photo 10 : Tombe construite en béton à Mpanda
(Photo Habonimana, mars 2014)

CHAPITRE III

MATERIEL ET METHODES

III.1. Matériel biologique et technique

Le matériel de collecte de données est composé du matériel technique et biologique. Le matériel technique utilisé sur terrain était constitué par: un mètre ruban pour la mesure des placettes d'inventaires, un dendromètre de suunto pour la mesure de la taille des arbres, un GPS pour relever les coordonnées géographiques, un appareil photo numérique, des presses métalliques pour la conservation des spécimens de plantes récoltées, des papiers journaux pour la conservation des spécimens de plantes récoltées, une machette pour dégager un passage dans la forêt, un carnet, un stylo et un crayon.

Le matériel biologique utilisé au cours de cette étude est constitué par des spécimens de plantes récoltés dans le parc et le parc lui-même. D'autres spécimens de plantes séchées et déjà déterminés par d'autres chercheurs ont servi de référence pour la détermination des espèces.

III.2. Collecte des données

III.2.1. Superposition des cartes

L'étude a été réalisée dans le secteur palmeraie du parc national de la Rusizi. La superposition de deux cartes de différentes dates a permis de constater la régression ou pas du parc national de la Rusizi suite suites aux activités anthropiques. A l'aide d'un GPS (Global positioning System), les coordonnées géographiques des points ont été prises. Une carte des activités a été établie et quadrillée en coordonnées UTM (Universal Transverse Mercator) pour faciliter le repérage d'autres données de terrain.

III.2.2. Mesures dendrométriques

Elles ont consisté à mesurer les paramètres dendrométriques des espèces dans les peuplements des espèces cibles. Il s'agissait plus précisément de mesurer la hauteur totale (Ht) de l'espèce. La hauteur totale a été visuellement estimée après des essais réalisés avec le dendromètre de Suunto pour *Hyphaene petersiana, Balanites aegyptiaca, Acacia polyacantha, Acacia albida, Commiphora madagascariensis*. Pour les individus multicaules, c'est la hauteur de la tige la plus haute qui a été estimée (Ouédraogo, 2008 ; Agali, 2009). Le repérage des peuplements a d'abord été effectué dans le transect tracé par INECN et ensuite les sites ou lieux des activités telles que les champs de coton à Cabiza.

III.2.3. Méthode de collecte de données sur le prélèvement des espèces végétales.

L'enquête a consisté à faire des investigations auprès de la population riveraine à travers un questionnaire semi-structuré. Les éléments considérés dans le questionnaire étaient les prélèvements des espèces et leurs usages. Nous avons enquêté sur deux secteurs qui constituent la Commune de Gihanga dont le contexte socioéconomique est différent. Pour le secteur Gihanga, un échantillon non stratifié de 29 personnes adultes (21femmes et 8hommes avec un âge supérieur à vingt ans) des villages riverains (Gihanga, Gihungwe) plus proche du parc de la Rusizi. Pour le secteur Buringa, un échantillon non stratifié de 32personnes adultes (18femmes et 14hommes avec un âge supérieur à vingt ans) des villages riverains (Buringa et Ninga) également très proche du Parc de la Rusizi. Cet échantillon comprend plus de femmes que d'hommes du fait qu'habituellement, ce sont ces dernières qui partent hors des villages pour des travaux champêtres. Les interviews ont porté sur les noms vernaculaires des espèces récoltées dans le parc, les organes visés et les usages réservés à chacune des espèces prélevées.

III.3. Techniques d'analyse des données

III.3.1. Superposition des cartes

La superposition de la carte de Reekmans (1981) et à celle du décret de 2011 portant modification de statut de Réserve en parc National détermine la partie vouée aux activités socioéconomiques surtout agricoles. Il sera également question de montrer sur la même carte les différentes activités effectuées dans le parc. Certaines formations végétales selon la carte de végétation de Reekmans (1981), ont laissé place aux étendues des bâtis et parcelles agricoles.

III.3.2. Mesures dendrométriques

Pour rendre compte de la structure démographique des peuplements des espèces cibles, des histogrammes de distribution par classe de hauteur ont été construits. Pour ce faire, 3classes de diamètre ont été retenues à la suite de l'analyse de la distribution des espèces cibles mesurées sur terrain. Les limites de ces classes sont les suivantes : [0,5-3 m [, [3-9 m [et [9-18 m].

III.3.3. Prélèvements des espèces végétales.

Afin de pouvoir cerner l'impact des activités anthropiques sur les peuplements végétaux, nous avons procédé à l'enquête sur les prélèvements des espèces végétales. La collecte des données s'est faite par la méthode des entretiens semi-structurés (Hakizimana *et al.*, 2010).

Pour le secteur Buringa, un échantillon non stratifié de 32 personnes adultes (âge ≥ 20 ans) rencontré sans rendez-vous pendant la journée dans les villages riverains (Buringa et Ninga), proches de la forêt de la Rusizi ont été interrogées. Pour la partie de Gihanga, l'échantillon non stratifié comprenait 29 personnes adultes rencontrées également sans rendez-vous pendant la journée dans les villages proches du parc (Gihungwe et Gihanga), ont également été interrogées. Les entretiens se sont déroulés durant la journée pour des raisons sécuritaires et sociales dans un habitat rural dispersé et non éclairé.

Ces entretiens ont porté sur les noms vernaculaires des espèces récoltées dans les deux secteurs proches de la forêt de la Rusizi, les organes visés et les usages réservés à chacune des espèces prélevées.

La correspondance entre les noms vernaculaires et les noms scientifiques des espèces citées a été faite grâce aux connaissances bibliographiques (Reekmans & Niyongere, 1983 ; Bigendako, 1989). Afin de bien vérifier les noms et les familles, nous avons consulté la base des données des plantes à fleurs d'Afrique tropicale (LEBRUN & STORK, 1991-2012) mise en ligne par le Conservatoire et Jardin Botaniques de la ville de Genève et South African National Biodiversity Institute, Pretoria (African Flowering Plants Database version 3.3.4, http://www.ville-ge.ch/musinfo/bd/cjb/africa/).

L'importance des différents usages sur base du nombre d'espèces prélevées dans les deux secteurs a été analysée au moyen du test $\chi 2$ (Scherrer, 2007). Ce dernier a également été utilisé pour comparer l'importance des proportions des organes visés par les prélèvements pour chaque type d'usage. Lors de l'application de ce test, si au moins une des valeurs attendues est inférieure à cinq, il est conseillé de procéder à la correction de continuité des valeurs, appelée également « correction de Yates » (Motulsky, 2002 in Hakizimana, 2010). Cette correction consiste à retrancher 0,5 à la différence entre la valeur observée et la valeur attendue, avant de procéder au calcul de la valeur de $\chi 2$.

CHAPITRE IV

RESULTATS

Superposition des cartes de Reekmans(1981) et de celle du décret de 2011. La figure ci-dessous montre la partie hachurée qui représente le secteur palmeraie selon Reekmans(1981) et celle non hachurée en vert a été ajoutée au secteur palmeraie selon le décret de 2011.

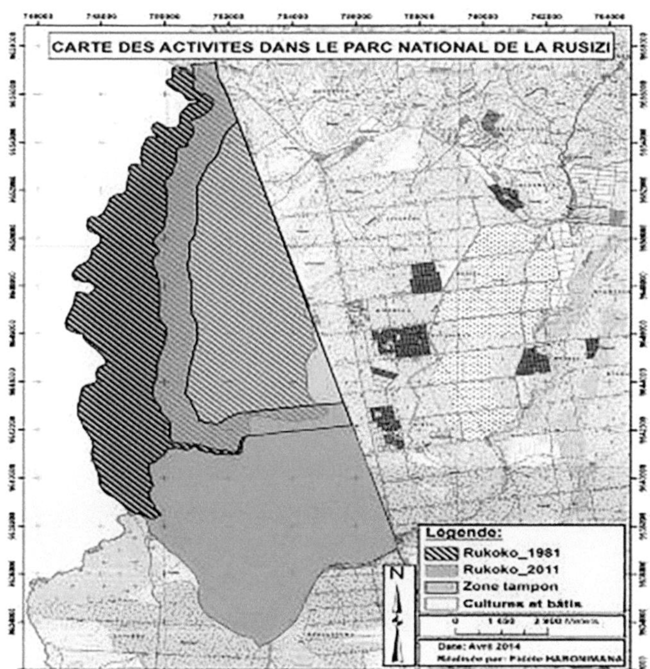

Figure 5 : Superposition des cartes de 1981 et celle du décret no 100/282 du 14novembre 2011 portant modification de certaines dispositions du décret no 100/007 du 25 janvier 2000 portant délimitation d'un parc national et de quatre réserves naturelles et zonage actuel. Carte réalisée par Habonimana, avril 2014

La superposition de la carte de 1981 et celle de 2011 a permis de constater la partie du périmètre d'élevage au sud du secteur palmeraie récupérée en 2011par le Décret no100/282 du 14 Novembre 2011portant modification de certaines dispositions du décret no100/007 du 25 janvier 2000 portant délimitation d'un parc national et de quatre réserves naturelles.

La carte de Reekmans (1981) limitait le Parc national de la Rusizi au sud par la rivière Kajeke, qui entre dans le secteur palmeraie où elle est canalisée jusqu'au niveau de l'étang Kimirabasore. Elle n'a pas de sortie directe dans la Rusizi mais y est connectée à travers les marais. D'après le décret de 2011, le parc est subdivisé en trois zones à savoir :

- Le domaine privé de l'Etat qui occupe une superficie de 3822 ha ;
- La zone tampon d'une superficie de 2220 ha ;
- La zone de protection intégrale reste avec 6647 ha.

Le domaine privé de l'Etat et la zone tampon ainsi que la zone de protection intégrale sont en proies aux activités anthropiques sans aucune forme de conservation comme le montre la carte des activités. La réduction des superficies du parc se répercute également aux formations végétales décrites par Reekmans en 1981. Ainsi selon la carte de 1981, le domaine privé de l'Etat et la zone tampon totalisent plus de la moitié du secteur palmeraie. Avec le décret de 2011, ils sont à 47,6% de la superficie du parc de la Rusizi, soit une certaine idée de conservation.

IV.1. Activités dans le parc national de la Rusizi

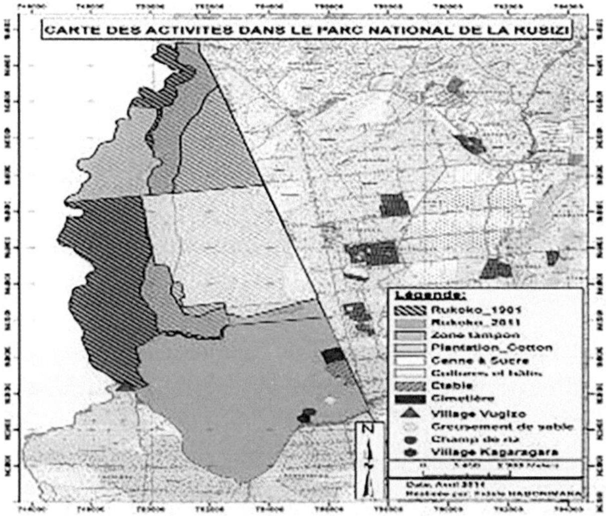

Figure 6 : Principales activités dans le parc National de la Rusizi (Rukoko)/ secteur palmeraie (Carte réalisée par Habonimana, avril 2014)

– Agriculture

La culture de la canne à sucre est installée depuis la transversale 3(voies secondaires perpendiculaires à la voie principal) jusqu'à la transversale 8 et traversant la zone tampon et arrive à un certain niveau de la zone intégrale de protection au nord. Elle est une véritable monoculture et efface tout espoir de régénération. Elle occupe la partie où se trouvaient les formations post culturales, formations de recolonisation à *Acacia hockii*, bosquets xérophiles à *Cadaba farinosa ssp. adenotricha* et *Commiphora madagascariensis*, une partie de l'association à *Hyphaena petersiana*, formations aquatiques et semi-aquatiques, etc.

Du Nord de la transversale 3, le long de la RN5, plusieurs bâtis sont érigés et constituent « village amahoro ». Des formations amphibies à *Balanites aegyptiaca* et *Sporobolus pyramidalis*, la zone de steppe à *Bulbine abyssinica*, formations forestières des ravins sont quasi-disparues.

La cotonculture envahie une partie de la zone intégrale de protection jusqu'aux rives de la rivière Rusizi. Les pratiques culturales des cotonculteurs encadrés par COGERCO sont inquiétantes. Dans la préparation des sols du cotonnier, trois modes sont employés pour le débroussement. Il y a l'abattage des arbres et arbustes, la mise à feux de la végétation et parfois l'usage d'herbicides pour le désherbage. L'extension des superficies est considérée comme le facteur qui contribue à la disparition des formations végétales et à l'empiètement des limites de réserves des forêts (Gomgnimbou, 2010).

Le dispositif d'encadrement des producteurs de coton par la COGERCO fait semblant de tenir compte de la conservation, en interdisant de couper le bois d' *Hyphaene petersiana* et de cultiver tout autour de l'espèce. Dans cette partie de la forêt, le sous-bois n'est que le coton et le peuplement d'*Hyphaena petersiana* constitue un vieux peuplement condamné à disparaitre si rien n'est fait. L'usage des insecticides, pesticides et engrais chimiques dans la culture du coton peut porter atteinte à la biodiversité du sol et des eaux de la rivière Rusizi et du lac Tanganyika.

La riziculture est la principale activité de la population de notre zone d'étude et occupe des grandes étendues. Les riziculteurs progressent vers le parc pour élargir les terres réservées aux cultures de riz. A Gasho en pleine palmeraie vers la bordure de la Rusizi, plusieurs arbres d'*Hyphaene* ont été coupés en faveur de la riziculture (Nzigidahera, 2011).

La riziculture irriguée avec l'usage des pesticides et engrais chimiques, est, à la longue, source d'une pollution pouvant affecter la vie de la faune aquatique de la Rusizi et du lac Tanganyika.

– Activités pastorales

La présence de troupeaux de bétail dans le parc de la Rusizi occasionne plusieurs dégâts. Le grand problème réside au fait qu'on ignore la charge que peut supporter la plaine de la Rusizi compte tenu de la charge réelle, ce qui occasionne ainsi le surpâturage. Le rapport de la commission chargée d'étudier les différends agriculteurs-éleveurs-INECN estimait la charge dans la plaine à 6 UBT/ha. A cette époque, le nombre d'unités de bétail tropical (UBT) par unité de surface dépassait largement la charge supportable qui était de 0,5 UBT/ha (INECN, 1991).

Actuellement, le constat est que les zones qui étaient destinées à l'élevage sont transformées en zones agricoles. C'est pour cette raison que les troupeaux de vaches sont observés dans tout le parc. Le surpâturage entraîne la disparition du couvert végétal des terrains de parcours, le tassement des terres par le piétinement des troupeaux rendant ainsi les terres plus vulnérables à l'érosion par l'eau et par le vent, etc. De plus, par manque de pâturage, les éleveurs sont obligés quelques fois de défricher de nouveaux terrains ou de brûler la végétation à la fin de la saison de pluies pour satisfaire aux besoins du bétail.

En outre, la présence incessante de bergers dans le parc occasionne d'autres activités illégales : l'exploitation des produits végétaux, la pêche, la chasse, le piégeage, et plusieurs autres actions perturbant la vie de l'aire protégée. L'élevage dans le parc constitue un facteur de dégradation très marquées et est à l'origine des pertes importantes des formations végétales et des espèces.

– Extraction de sable

L'extraction de sable constitue un danger contre les formations végétales et les espèces y rapportant. Des engins faisant des va-et-vient réduisent la superficie des formations végétales. Actuellement, les dégâts causés sont énormes :

- La biodiversité est entamée : la zone d'extraction de sable est une zone d'abondance de la biodiversité dans le secteur palmeraie notamment diverses espèces de plantes, etc.
- Le sol : les eaux de ruissellement provoquent l'érosion, le déracinement des arbres et surtout des arbustes, ainsi que l'ensablement des lits des cours d'eau.
- L'extraction de sable suscite un afflux des riverains et non riverain. Il en résulte un enchérissement de la vie locale au niveau des communautés.

- **Activités d'inhumation dans le parc national de la Rusizi**

Le cimetière est un élément du domaine public et est sacré. L'importance des sites naturels sacrés dans la conservation des écosystèmes et de la diversité biologique est appréhendée par le biais de la qualité et de la richesse spécifique de ces lieux, qui font de ces espaces de véritables sanctuaires de biodiversité (Garcia *et al.*, 2006).

La sacralisation de sites constituerait donc une stratégie efficace à inclure dans les processus de gestion moderne des ressources naturelles. Le cimetière dans le parc grandit et met en péril les peuplements végétaux. Les tombes sont construites comme une maison en matériaux durables (pierres, béton et les carreaux) pour les gens nantis. Les briques et ciments servent à construire la tombe sans faire une sorte de maison pour la classe moyenne et afin mettre le cadavre dans un trou en terre pour les pauvres. Toute la ville de Bujumbura se sert du cimetière de mpanda pour enterrer leurs morts. Les pratiques actuelles ne favorisent pas la régénération des espèces (cimetière en béton et construit de manière sophistiquée

IV.2. Structure verticale des espèces d'importances socioéconomiques

- ***Hyphaene petersiana***

L'histogramme de distribution en classes de taille des individus d' *Hyphaene petersiana* (Figure 8) dans les peuplements présente une forme en « J » signifiant que ces peuplements sont irréguliers et instables, avec une forte proportion d'individus dans la classe de]8-18]. Dans le transect, la régénération est faible à cause des piétinements des bétails et des bergers qui les gardent. Les prélèvements des pétioles et d'autres espèces se répercutent sur la vie des plantules d'*Hyphaene petersiana*.

L'action du feu va peut-être dans un sens analogue. Reekmans (1981), affirme qu' *Hyphaene petersiana* garde en effet, pendant toute sa jeunesse, ses pétioles et gaines foliaires qui forment un manchon serré autour de son stipe et lui assurent une protection efficace contre les incendies. Par contre, lorsque ce manchon est tombe spontanément, ou lorsqu'il a été prélevé par l'homme, le stipe est sans doute plus sensible au passage du feu. Nzigidahera (2003), atteste que plus de la moitié du secteur Palmeraie a été mise à feu en juin 2003.

Parallèlement, la même espèce dans les champs de coton encadrés par la COGERCO, présente une structure en « J » signifiant que les peuplements sont vieux et voués à la disparition (Figure 9). Habonimana *et al.* (2007) ont également classé cette espèce comme menacée et nécessitant une haute priorité de conservation.

Sounon Bouko, B. (2007), confirme qu'il est difficile de cultiver avec une certaine densité d'arbres dans les champs. Les pieds y sont donc dispersés afin de faciliter les travaux champêtres. La diversité floristique, la densité et la structure démographique des peuplements ligneux dans la zone d'étude sont le résultat de la sélection d'espèces utiles et du mode de gestion par l'agriculteur. Cependant, les paysans font l'effort aujourd'hui de protéger les jeunes pieds qui se trouvent dans leurs champs.

La figure n°7 représente le nombre de pieds/ha d'*Hyphaene petersiana* dans le transect d'observation de la dynamique des peuplements végétaux dans le parc de la Rusizi.

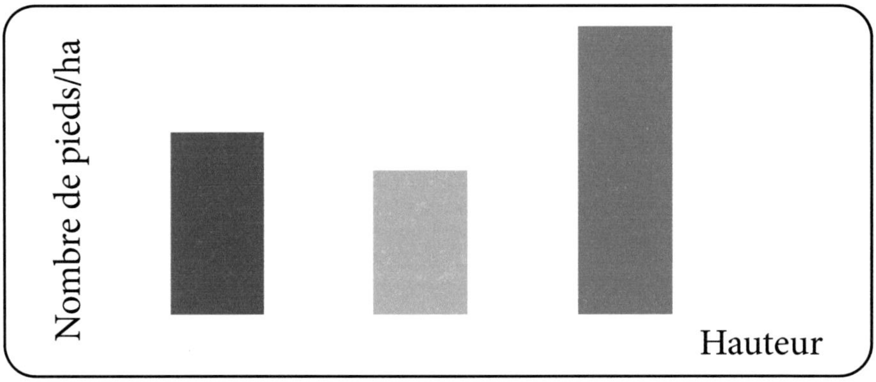

Figure 7 : Nombre de pieds d'*Hyphaene petersiana*/ha en fonction de leur classe de taille dans le transect

La figure n°8 ci-dessous représente le nombre de pieds/ha d'*Hyphaene petersiana* dans les champs de coton à Cabiza.

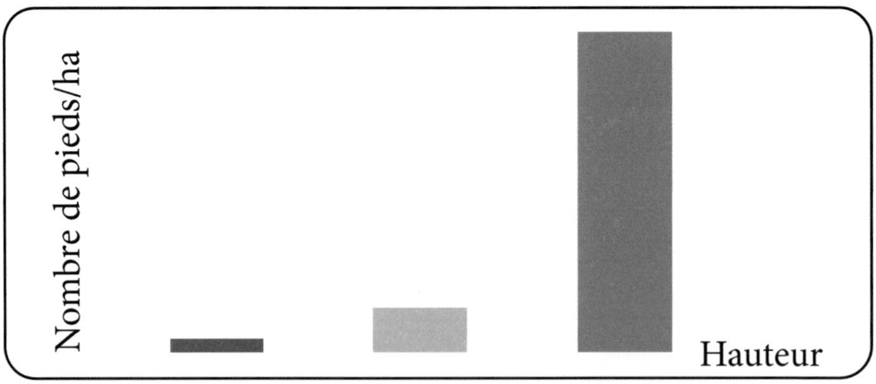

Figure 8 : Nombre de pieds d'*Hyphaene petersiane*/ha en fonction de leur classe de taille dans les champs de coton à Cabiza

- ***Balanites aegyptiaca***

La structure des populations de *Balanites aegyptiaca* (Figure10) révélée par l'histogramme de distribution des effectifs dans les classes de taille est caractérisée par une prédominance des individus jeunes] 0,5-3] m mais ne parviennent pas au stade adulte de]8-18] m. Dans le secteur palmeraie, *Balanites aegyptiaca* présente la meilleure densité en pieds juvéniles traduisant qu'elle est l'espèce qui régénère la mieux. Pour Taïta (1997), plus la densité moyenne de régénération d'une espèce est élevée, plus l'espèce a une forte régénération. Nzigidahera (2011) montrent que les individus de *Balanites aegyptiaca* sont très appréciés pour le charbon de bois et fagots de bois et sont destinés à la commercialisation dans des marchés locaux de Bujumbura (Kinama, Buyenzi, etc.). Comme les adultes de cette espèce n'existent presque pas, ce sont les individus de 3 à 8 m qui sont fortement exploités et la population riveraine ne laisse pas le temps aux jeunes de s'épanouir. Aussi, les actions illicites sont-elles érigées en règle par certaines couches de la population, notamment les adultes.

Figure 9 : Nombre de pieds de *Balanites aegyptiaca*/ha en fonction de la classe de taille dans le transect

- ***Acacia albida***

L'histogramme de distribution en classe de taille des individus d'*Acacia albida* (Figure11) présente une allure en « L » qui traduit une bonne régénération naturelle de l'espèce. Environ 80% des individus se trouvent dans la classe de taille] 0,5-3] m. Les effectifs faibles, voire même absents dans les autres classes] 3-8] et] 8-18] m respectivement, révèlent une mortalité élevée au cours de la croissance dans la classe de taille de]0,5-3] m. Cette mortalité peut être due essentiellement à l'exploitation des individus de 3m et plus pour des fins de carbonisation, construction des maisons, etc. Probablement, les individus n'arrivent plus à la classe de taille supérieure] 8-18], suite à cette surexploitation par les riverains des jeunes individus pour satisfaire à tout prix les besoins fondamentaux quotidien. Au point de vue de la conservation, les peuplements se rétabliraient mieux au cas où les populations locales trouveraient d'autres moyens de survie que d'exploiter le Parc national de la Rusizi.

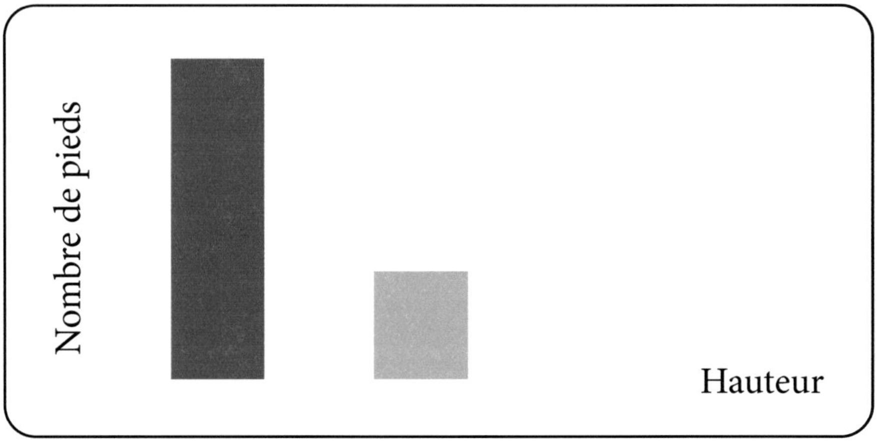

Figure 10 : Nombre de pieds d'*Acacia albida*/ha en fonction de la classe de taille dans le transect

- ***Acacia polyacantha***

La structure des populations d'*Acacia polyacantha* révélée par l'histogramme de distribution des effectifs dans les classes de taille (Figure12) est caractérisée par une prédominance des individus jeunes [0, 5-3] m de taille. Le nombre de pieds d'*Acacia polyacantha* dans la classe de taille est de] 3-8] et] 8-18] respectivement. Les individus d'*Acacia polyacantha* sont appréciés par les riverains pour son pouvoir calorifique et sont commercialisés. Cela rejoint l'idée émise par Nzigidahera (2011), qui atteste que le charbon de bois d'*Acacia polyacantha* est très commercialisé par les riverains du Parc de la Rusizi. On pourrait, en outre, imaginer que les populations locales s'attaquent par priorité aux individus jeunes et de tailles moyennes qui n'ont pas encore des épines solides. Faut-il aussi voir dans cette mutilation des jeunes et moyens pieds, une des raisons de la disparition de la classe intermédiaire.

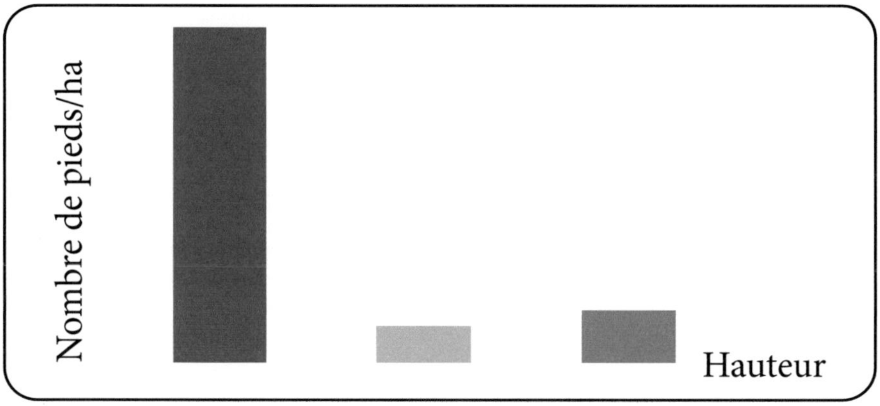

Figure 11: Nombre de pieds d'Acacia polyacantha/ha en fonction de leur classe de taille

- ***Commiphora madagascariensis***

Les effectifs de *Commiphora madagascariensis* en fonction de leur classe de taille sont irréguliers comme le montre l'histogramme de distribution des effectifs (Figure13). L'effectif faible dans la classe de taille de]0,5-3] m indique une modeste régénération liée à son adaptation au sol. Les classes de taille de]3-8] et] 8-18] m respectivement pourraient être expliqués par le fait que les individus adultes dépassant 8m brûlent bien et sont largement utilisés dans les fours pour la fabrication des briques et/ou dans les boulangeries. Nzigidahera (2003) a fait les mêmes analyses que les individus de *Commiphora madagascariensis* sont moins appréciés comme charbon des ménages car ne résistent pas en brûlant.

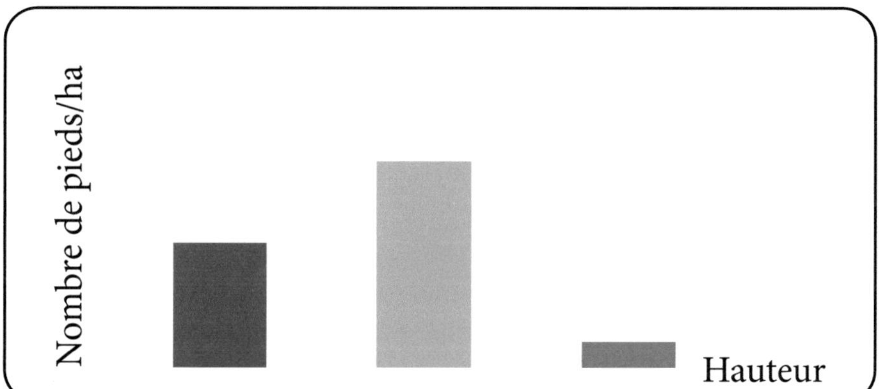

Figure 12 : Nombre de pieds de *Commiphora madagascariensis*/ha en fonction de leur classe de taille

III.3. Ressources végétales prélevées dans le secteur palmeraie.

III.3.1. Organes et espèces prélevées pour la satisfaction des besoins alimentaires.

Le tableau n°3 ci-dessous montre les prélèvements des organes et des espèces dans le secteur Buringa et Gihanga respectivement. Dix-sept (17) et onze espèces de plantes bcomestibles ont été signalées respectivement à Buringa et Gihanga). Dans 82% et 73% des cas, les prélèvements concernent les fruits que les feuilles, les tiges et les racines. La différence entre les proportions des organes prélevés par les riverains de Buringa et Gihanga est significative car $\chi 2=5,3$ et $p<0,05$ et ddl=3 avec un seuil de confiance à 95%. Les feuilles sont prélevées à 6% à Buringa contre 18% à Gihanga tandis que les tiges sont utilisées jusqu'à 6% à Buringa et 9% à Gihanga.

Psidium guajava est une espèce très utile pour les populations riveraines du parc de la Rusizi. La période de fructification constitue parfois un enjeu pour les riverains et entrent souvent le matin pour chercher les fruits murs. Ils sont destinés non seulement à l'alimentation familiale mais également au petit commerce sur les marchés locaux.

Les espèces comme *Carica papaya* et *Jatropha curcas* ont été trouvées dans les anciens lieux d'habitations (dans le parc) et ne sont pas très répandues.

Tableau 4: Espèces et organes prélevés pour usage alimentaire dans les villages de Gihanga et Buringa dans le parc de la Rusizi (Fe : feuille ; Fr : fruit ; Ti : tige ; Ra : Racine ; + : organe récolté ; - : organe non récolté ; No : nombre d'organes visés)

N°	Nom scientifique	Buringa					Gihanga				
		Fe	Ti	Ra	Fr	No	Fe	Ti	Ra	Fr	No
1.	*Hyphaene petersiana*	-	-	-	+	1	+	+	-	-	2
2.	*Balanites aegyptiaca*	-	-	-	+	1	-	-	-	-	0
3.	*Psidium guajava*	-	-	-	+	1	-	-	-	+	1
4.	*Pimenta officinalis*	-	-	-	+	1	-	-	-	+	1

5.	*Mangifera indica*	-	-	-	+	1	-	-	-	+	1
6.	*Carica papaya*	-	-	-	+	1	-	-	-	+	1
7.	*Annona reticulata*	-	-	-	+	1	-	-	-	-	0
8.	*Myrianthus holstii*	-	-	-	+	1	-	-	-	-	0
9.	*Grewia mollis*	-	-	-	+	1	-	-	-	-	0
10	*Elaeis guineensis*	-	-	-	+	1	-	-	-	+	1
11	*Eriosema lebrunii*	-	-	+	-	1	-	-	-	-	0
12	*Cordia africana*	-	-	-	+	1	-	-	-	+	1
13	*Annona senegalensis*	-	-	-	+	1	-	-	-	-	0
14	*Jatropha curcas*	-	-	-	-	0	-	-	-	+	1
15	*Rhus natalensis*	-	-	-	+	1	-	-	-	-	0
16.	*Passiflora edulis*	-	-	-	+	1	-	-	-	+	1
17.	*Amaranthus dubius*	+	+	-	-	2	+	-	-	-	1
	17 espèces (Buringa)	**1%**	**1%**	**1%**	**14%**	**17%**	**2%**	**1%**	**0**	**8%**	**11%**
	11 espèces (Gihanga)	**6%**	**6%**	**6%**	**82%**	**100%**	**18%**	**9%**	**0**	**73%**	**100%**

Photo 11 : *Carica papaya* en pleine palmeraie (Photo Habonimana, Mars 2014)

Photo 12 : *Psidium guajava* dans les sacs et champignons comestibles (Photo Habonimana, Mars 2014)

III.3.2. Organes et espèces prélevées pour l'usage médicinal.

Vingt et une (21) et onze espèces de plantes comestibles ont été signalées respectivement à Buringa et Gihanga). Dans 52% et 55% des cas, les prélèvements concernent les feuilles, 38% et 27% pour usage des racines et 5%

et 9% aussi bien pour les tiges et les fruits dans le secteur Buringa et Gihanga respectivement. La différence entre les proportions des organes prélevés par les riverains de Buringa et Gihanga n'est pas significative car *χ2Observé*=2,032, tandis que *χ2Théorique*=7,81 à un seuil de confiance de 95%. Le prélèvement de plusieurs organes à la fois sur la même espèce de plante est observé respectivement chez 66,7% et 72, 7% des espèces respectivement à Buringa et à Gihanga.

Tableau 5 : Espèces et organes prélevés pour usage médicinal dans les villages de Gihanga et Buringa dans le parc de la Rusizi. Fe : feuille ; Fr : fruit ; Ti : tige ; Ra : Racine + : organe récolté ; - : organe non récolté ; No : nombre d'organes visés)

N°	Nom scientifique	Buringa					Gihanga				
		Fe	Ti	Ra	Fr	No	Fe	Ti	Ra	Fr	No
1.	*Fagara chalybea*	+	-	+	-	2	+	-	+	-	2
2.	*Tabernaemontana jonstonii*	+	-	-	-	1	-	-	-	-	0
3.	*Balanites aegyptiaca*	-	-	+	-	1	-	-	-	-	0
4.	*Vernonia amygdalina*	+	-	+	-	2	-	-	-	-	0
5.	*Iboza riparia*	+	+	-	-	2	+	+	-	-	2
6.	*Synadenium grantii*	+	-	+	-	2	+	-	+	-	2
7.	*Hoslundia opposita*	+	-	+	-	2	+	-	-	-	1
8.	*Ziziphus abyssinica*	-	-	+	-	1	-	-	-	-	0
9.	*Carica papaya*	+	-	-	+	2	+	-	-	+	2
10.	*Psidium guajava*	+	-	-	-	1	+	-	-	-	1
11.	*Erythrina abyssinica*	-	-	+	-	1		-	+	-	1

12.	*Bidens pilosa*	+	-	-	-	1	-	-	-	-	0
13.	*Acacia hockii*	+	-	-	-	1	-	-	-	-	0
14.	*Dichrostachys cinerea*	+	-	+	-	2	-	-	-	-	0
	21 espèces (Buringa)	11%	1%	8%	1%	21%	6%	1%	3%	1%	11%
	11 espèces (Gihanga)	52%	5%	38%	5%	100%	55%	9%	27%	9%	100%

III.3.3. Organes et espèces prélevées pour la construction

Nous avons inventorié respectivement dans le secteur de Buringa et Gihanga, quinze (15) et quatorze (14) espèces des plantes cibles des prélèvements pour la construction (Tableau 5).

Les tiges sont les plus visées dans les proportions respectives de 73% et 78,5%. Les feuilles (27,3% et 13,3% respectivement), les racines et fruits ne sont pas prélevés pour cet usage. Le test $\chi 2$=0,88(p>0,05) avec un $ddl=3$. Les résultats du test $\chi 2$ montrent une différence non significative entre les proportions des organes prélevés par les riverains du parc.

Pour la construction, le prélèvement de plusieurs organes à la fois sur la même espèce n'est pas observé dans Buringa et Gihanga. Les tiges prélevées sont essentiellement utilisées dans la construction des maisons, des étables et des enclos.

Tableau 6 : Espèces et organes prélevés pour la construction dans les villages de Gihanga et Buringa dans le parc de la Rusizi. Fe : feuille ; Fr : fruit ; Ti : tige ; Ra : Racine + : organe récolté ; - : organe non récolté ; No : nombre d'organes visés

N°	Nom scientifique	Buringa					Gihanga				
		Fe	Ti	Ra	Fr	No	Fe	Ti	Ra	Fr	No
1.	*Hyphaene petersiana*	+	+	-	-	2	+	+	-	-	2
2.	*Balanites aegyptiaca*	-	+	-	-	1	+	+	-	-	2

3.	*Acacia hochii*	-	+	-	-	1	-	+	-	-	1
4.	*Acacia albida*	-	+	-	-	1	-	+	-	-	1
5.	*Phragmites mauritianus*	-	+	-	-	1	-	+	-	-	1
6.	*Imperata cylindrica*	+	-	-	-	1	-	-	-	-	0
7.	*Acacia sieberana*	-	+	-	-	1	-	+	-	-	1
8.	*Cordia africana*	-	+	-	-	1	-	+	-	-	1
9.	*Rhus natalensis*	-	+	-	-	1	-	+	-	-	1
12.	*Elaeis guineensis*	+	-	-	-	1	+	-	-	-	1
13.	*Ficus gnapharocarpa*	-	+	-	-	1	-	+	-	-	1
14.	*Acacia sieberana*	+	+	-	-	2	-	+	-	-	1
15.	*Dichrostachys cinerea*	-	+	-	-	1	-	+	-	-	1
	15 espèces (Buringa)	4%	11%	0	0	15%	3%	11%	0	0	14%
	14 espèces (Gihanga)	27%	73%	0	0	100%	21,5%	78,5%	0	0	100%

III.3.4. Organes et espèces prélevées pour l'usage énergétique

Le prélèvement des végétaux pour l'usage énergétique visent 26 espèces dans Buringa et 16 espèces dans Gihanga (Tableau 6). Les organes les plus visés sont les tiges avec 46% et 50% respectivement dans Buringa et Gihanga. Les feuilles sont prélevées à 38% et 37,5% des cas respectivement. Les racines et les fruits sont prélevés pour cet usage dans l'ordre de 8%

chacun dans Buringa et de l'ordre de 6% chacun dans Gihanga. La différence entre les proportions des organes récoltés pour les deux localités n'est pas significative car $\chi 2Observ\acute{e}$ = 0,79(p>0,05) et avec un *ddl= 3*. Pour cet usage, plus d'un organe sont récoltés sur la même plante dans 96,1% des cas dans Buringa contre 62,5% dans Gihanga. Certaines tiges et branches de feuilles sont coupées ou ramassées pour le bois de chauffage dans les ménages. La fabrication des briques cuites dans les fours exige également des quantités importantes de tiges de bois et des branchages. En outre, l'espèce la plus abondante dans le secteur palmeraie est *Hyphaene petersiana* dont presque tous ces organes sont utilisés pour l'énergie. Il en résulte donc la persécution de cette espèce dans plusieurs usages. La photo no12 représente des jeunes *Balanites aegyptiaca* prélevées dans le parc de la Rusizi par des femmes pour la fabrication des charbons de bois. L'endroit où la photo a été prise est du côté de Buringa dont les coordonnées UTM sont : X : 35M 0755824 ; Y : 9640324 ; Z : 810 m.

Photo13 : *Balanites aegyptiaca* et autres espèces pour la fabrication du charbon de bois (Photo Habonimana, mars 2014)

Tableau 7 : Espèces et organes prélevés pour usage énergétique dans les villages de Gihanga et Buringa dans le parc de la Rusizi. Fe : feuille ; Fr : fruit ; Ti : tige ; + : organe récolté ; - : organe non récolté ; No : nombre d'organes visés

N°	Nom scientifique	Buringa					Gihanga				
		Fe	Ti	Ra	Fr	No	Fe	Ti	Ra	Fr	No
1.	*Balanites aegyptiaca*	+	+	-	-	2	+	+	-	-	2
2.	*Hyphaene petersiana*	+	+	+	+	4	+	+	-	+	3
3.	*Rhus natalensis*	+	+	-	-	2	+	+	-	-	2
4.	*Acacia hochii*	+	+	+	-	3	+	+	+	-	3
5.	*Acacia albida*	+	+	-	-	2	+	+	-	-	2
6.	*Acacia sieberana*	+	+	-	-	2	-	-	-	-	0
7.	*Acacia polyacantha*	+	+	-	-	2	-	-	-	-	0
8.	*Dichrostachys cinerea*	+	+	-	-	2	-	+	-	-	1
9.	*Ficus gnapharocarpa*	+	+	-	-	2	+	+	-	-	2
12.	*Commiphora madagascariensis*	+	+	-	-	2	-	-	-	-	0
13.	*Tamarindus indica*	-	+	-	+	2	-	+	-	-	1
14.	*Lantana camara*	-	+	-	-	1	-	-	-	-	0
	26 espèces (Buringa)	10%	12%	2%	2%	26%	6%	8%	1%	1%	16%
	16 espèces (Gihanga)	38%	46%	8%	8%	100%	37,5%	50%	6%	6%	100%

III.3.5. Organes et espèces prélevées pour l'usage artisanal

Le prélèvement des végétaux pour l'usage énergétique visent 12 espèces dans Buringa et 5 espèces dans Gihanga (Tableau 7). Les organes les plus visés sont les feuilles avec 58% et 80% respectivement dans Buringa et Gihanga.

Les tiges sont visées avec 42% et 20% respectivement dans Buringa et Gihanga. Pour cet usage, plus d'un organe sont récoltés sur la même plante dans 66,6% des cas dans Buringa contre 40% dans Gihanga. La différence entre les proportions des organes récoltés pour les deux localités est significative car $\chi 2$ = 11,31(p<0,05) et avec un *ddl= 1.*

Tableau 8 : Espèces et organes prélevés pour usage artisanal dans les villages de Gihanga et Buringa dans le parc de la Rusizi. Fe : feuille ; Fr : fruit ; Ti : tige ; Ra : Racine ; + : organe récolté ; - : organe non récolté ; No : nombre d'organes visés)

N°	Nom scientifique	Buringa					Gihanga				
		Fe	Ti	Ra	Fr	No	Fe	Ti	Ra	Fr	No
1.	*Hyphaene petersiana*	+	+	-	-	2	+	-	-	-	1
2.	*Acacia hochii*	+	+	-	-	2	-	-	-	-	0
3.	*Ficus vallischoudae*	+	+	-	-	2	+	-	-	-	1
4.	*Cyperus latifolius*	-	+	-	-	1	+	-	-	-	1
5.	*Cyperus laevigatus*	+	-	-	-	1	-	-	-	-	0
6.	*Cyperus articulatus*	+	-	-	-	1	-	-	-	-	0
7.	*Typha domingensis*	+	+	-	-	2	+	+	-	-	2
8.	*Triumfetta cordifolia*	+	-	-	-	1	-	-	-	-	0
	12 espèces (Buringa)	7%	5%	0	0	12%	4%	1%	0	0	5%
	5 espèces (Gihanga)	58%	42%	0	0	100%	80%	20%	0	0	100%

III.3.6. Fréquence de prélèvement des organes de plantes dans Buringa et dans Gihanga

Au niveau de Buringa, les feuilles et les tiges sont plus visées lors des prélèvements (33% et 30% respectivement) (Tableau 8). Egalement, les feuilles et les tiges sont plus ciblées respectivement (21% et 22% des cas) dans Gihanga. Les fruits et les racines sont seulement ciblés jusqu'à 17% et 10% à Buringa respectivement et jusqu'à 10% et 4% à Gihanga respectivement. Il n y a pas de différence significative entre les proportions dans les deux localités car $\chi 2$=1,02 (p<0,05) et avec *ddl=3.*

Tableau 9 : Fréquence de prélèvement des organes de plantes dans Buringa et Gihanga

NBBBBBB BBBBBBBBBBBBBB		**Buringa**	**Gih Gihanga anga**	
Organes prélevés	**Fréquence**	**%**	**Fréquence**	**%**
Feuille	33	36,7	21	37
Tige	30	33,3	22	38,5
Fruit	18	18,9	10	17,5
Racine	10	11,1	4	7
Total	**91**	**100**	**57**	**100**

III.3.7. Importance des types d'usage des plantes prélevées dans les Buringa et dans Gihanga

La population de Buringa et Gihanga prélèvent souvent les espèces et leurs organes pour l'usage énergétique (28,7% et 28% respectivement) (Tableau 9). L'usage médicinal vient en seconde position jusqu'à 21% dans Buringa et 14% pour les usages de construction dans Gihanga.

Nous observons par ailleurs qu'il n y a pas de différence significative entre les distributions des proportions dans les deux localités étudiées étant donné que $\chi 2$*observé*= 2,04(p< 0,05) et avec un *ddl=4.*

Tableau 10 : Importance des types d'usage sur base du nombre d'espèces prélevées

	Buringa		Gihanga	
Type d'usage	**Nombre d'espèce**	**%**	**Nombre d'espèce**	**%**
Usage énergétique	26	28,7	16	28
Usage médicinal	21	23	11	19,2
Usage alimentaire	17	18,7	11	19,2
Usage Construction	15	16,5	14	24,6
Usage artisanal	12	13,1	5	9
Total	**91**	**100**	**57**	**100**

CHAPITRE V

DISCUSSION, CONCLUSION ET PERSPECTIVES

V. 1. Influence des activités agricoles sur les peuplements végétaux

La région de l'Imbo connaît ces dernières années, un dynamisme agricole qui se traduit par l'extension des superficies emblavées. Les enjeux fonciers sont très complexes. Même les autorités civiles et militaires de la capitale de Bujumbura possèdent des terres de grandes étendues. Egalement, le retour massif des refugiés de guerre dans notre région d'étude a amplifié les problèmes. Certains ménages s'installent anarchiquement dans les communes environnantes du parc de la Rusizi (Nzigidahera, 2003).

Selon Ranaivomanana (2008) et FAO (2007), l'emprise de l'homme sur l'espace se traduit par l'extension de l'habitat et les exploitations agricoles. L'extension des superficies est considérée comme le facteur qui contribue à la disparition des formations végétales et à l'empiètement des limites dans le parc de la Rusizi. Selon Bouku *et al.*, (2007), une fois qu'une parcelle est défrichée, les arbres et arbustes qui s'y trouvent sont détruits pour permettre aux cultures de profiter au maximum de la lumière solaire. Cette idée rejoint celle de Nzigidahera (2011), qui affirme que la forêt à *Hyphaene petersiana* occupait plus de 2800 ha en 1951, et la superficie a régressé pour atteindre 1200 ha en 1980 suite aux activités agricoles. La première hypothèse semble être vérifiée car actuellement les cultures industrielles et vivrières semblent remplacer les formations végétales (formations post-culturales, bosquets xérophiles à *Cadaba farinosa, Commiphora madagascariensis* et pelouses surpâturées, régression d'*Hyphaene petersiana* et des formations rudérales, steppes à *Bulbunes abssinica*.

V.2. Le prélèvement des ressources végétales variées en fonction de leurs usages.

Les prélèvements concernent les plantes aux usages médicinal, matériel, alimentaire, énergétique et culturel (Cavendish & Campbel, 2007 ; Hegde & Bull, 2007 ; Monela & Abdallah, 2007 ; Mutamba, 2007 *in* Hakizimana, 2012). Selon les résultats de la présente étude, la fréquence de prélèvement est plus élévée à Buringa que la fréquence de prélèvement dans le secteur Gihanga. Cela est confirmé par la valeur du rapport de fréquence de prélèvement qui est plus élevée dans le secteur Buringa. Ce rapport équivaut respectivement à 61,5% au secteur Buringa et 38,5% au secteur Gihanga (91 et 57 cas sur les 148 cas dans tout le parc).

Selon les enquêtés, cette situation serait due notamment au fait que la population de Buringa n'ont plus de terres arables et le sol n'est plus productivif et par conséquent, elle est trop pauvre. Le secteur Gihanga a plusieurs fonctionnaires publics et privés et parviennent à concilier leur fonction et l'agriculture et / ou le commerce. En outre, la majorité des femmes entrent dans le parc pour y récolter les bois de chauffe et les espèces présentant des qualités (meilleure source d'énergie) dans la fabrication de charbon de bois.

V.3. Evolution des peuplements des espèces ligneuses d'importances socio-économiques.

V.3.1. Structure et conservation des espèces

Les peuplements des espèces ligneuses d'importances socio-économiques dans le parc de la Rusizi sont extrêmement convoités par les populations riveraines et connaissent de modifications radicales. Ils sont influencés par les conditions édaphiques, les dommages liés aux exploitations illicites du parc et qui tentent à maintenir une structure soient des populations jeunes et/ou vieilles. L'exemple le plus frappant est la forêt sclérophylle d' *Hyphaene petersiane* d'origine édaphique et liée au sol salin.

Germain (1952), affirme qu'il existe un déséquilibre de classe d'âge. Le même auteur signale une régénération abondante des jeunes pieds ne dépassant pas 2m de haut, les sujets de taille intermédiaires de 3à 7-8 m de haut manquent, par contre les vieux sujets bien représentés. Les résultats de notre étude dans les transects d'observations de la dynamique de la végétation dans le parc de la Rusizi ne sont loin de ceux de Germain. Par contre, dans les champs de coton à Cabiza, on observe une prédominance de vieux peuplements. En effet, il apparaît bien que la situation varie quelque peu suivant les zones envisagées (Lewalle, 1972). Les types d'activités qui s'y pratiquent constituent également un facteur plus important.

Les structures des populations observées sur les individus d'espèces de *Balanites aegyptiaca, Acacia albida, Acacia polyacantha* sont aussi instables et sont largement dues coupes de bois des individus de taille moyenne et adultes, pour la fabrication des charbons de bois. Nous avons remarqué des peuplements exclusivement jeunes qui n'ont pas encore atteint la taille d'exploitabilité.

Des études antérieures (Nzigidahera, 2000 ; 2011) confirment que ces espèces sont de très bonnes qualités et résistent et durent longtemps en brûlant mai aussi les conditions édaphiques du milieu. Il est aussi rare de rejeter l'idée du passage des feux conduisant ainsi à l'absence de leurs sujets dans certaines classes de taille.

La structure du peuplement des individus de *Commiphora madagascariensis*, révèle une certaine instabilité difficile à expliquer. En effet, Nzigidahera (2003), affirme que cette espèce est moins appréciée dans les ménages comme charbon de bois, mais par contre utilisées dans les fours de fabrication des briques et dans les boulangeries.

Comme toutes les autres associations de la plaine, elle a subi les assauts répétés des populations a la recherche de bois de chauffe, des incendies volontairement allumes plusieurs fois par année et du surpâturage intense (Reekmans, 1980). Cette instabilité pourrait être aussi due à sa grande plasticité pour les conditions édaphiques (sols alluvionnaires plus lourds). Notre troisième hypothèse trouve son compte dans la mesure où elle comme une combinaison de deux premières.

V.4. Discussion des résultats en faveur de la conservation du parc national de la Rusizi

V.4.1 Principes généraux

La plaine de la Rusizi fait partie du système des grands rifts africains et occupe le secteur nord du graben du Tanganyika. C'est une plaine sédimentaire récente, à la fois lacustre et fluviatile. Son relief est faible, presque nul (Reekmans, 1980). Le parc national de la Rusizi assure la protection des restes de différents écosystèmes qui ont, autrefois, couvert le pays et des espèces endémiques de la région qu'on ne trouve pas ailleurs au Burundi voire même dans le monde (Nzigidahera, 2003). Par cette singularité, cet écosystème mérite par conséquent d'être préservé.

En outre, le parc de la Rusizi est de petite superficie d'environ 5456ha. Cependant, Hunter (2000) considère que chaque écosystème, quelle que soit sa taille, a son importance. Pour une superficie équivalente, plusieurs petits écosystèmes peuvent permettre de protéger une grande variété d'habitats et d'espèces rares. Selon Leveque & Mounolou (2008), les petits écosystèmes minimisent également les risques d'une catastrophe comme le feu, une épidémie ou l'introduction d'espèces, qui peuvent détruire des populations entières. Ces auteurs précisent en fin de compte qu'il n'existe pas de taille minimale pour qu'un écosystème mérite d'être protège, tout dépend des objectifs visés.

V.4.2. Discussion liée à la valeur conservatoire du parc de la Rusizi.

En vue de la conservation de la biodiversité végétale, Nzigidahera (2000), Habonimana *et al.* (2004) et Sibomana *et al.* (2008) ont dressé des listes de plantes ayant déjà atteint le statut d'espèces menacées, selon les critères de l'UICN (1990) adaptés au cas du Burundi. Pour l'UICN, une espèce menacée est soit une espèce en danger (espèce dont la survie est incertaine si l'on n'atténue pas les effets des facteurs de sa raréfaction), soit une espèce vulnérable (espèce risquant de se retrouver dans la catégorie précédente si les causes de sa raréfaction ne sont pas freinées), soit une espèce déjà rare (espèce ni en danger ni vulnérable mais dont les effectifs sont très réduits et confinés dans des habitats spécifiques), ou soit une espèce indéterminée (espèce connue pour être dans l'une des trois catégories précédentes mais qu'on ne parvient pas à classer avec certitude à cause du manque d'informations suffisantes).

Dans le même ordre d'idée, on remarque que les espèces comme *Hyphaene petersiane, Balanites aegyptiaca, Tamarindus indica, Typha domingensis, Cyperus papyrus, Euphorbia candelabrum, Euphorbia dawei, Strychnos potatorum, Dorstenia barnimiana, Zanthoxyllum chalybeum, Acacia polyacantha* (11sur 16 cas) ont été déjà signalées par Nzigidahera (2000) comme menacées d'extinction au niveau national. Dans nos résultats nous signalons que les espèces de *Balanites aegyptiaca, Acacia polyacantha, Hyphaene petersiana, Acacia albida* se retrouvent encore dans des espèces de haute priorité de conservation. Les premières priorités doivent être réservées aux espèces endémiques à aire de distribution géographique restreinte et aux espèces à populations peu nombreuses. En effet, Pressey *et al.* (1993), Margules & Pressey (2000) et Schouten *et al.* (2009) affirment que la rareté ou le taux d'endémisme est l'un des critères qui orientent les programmes de conservation de la biodiversité.

V.5. Conclusion et perspectives

V.5.1 Conclusion

L'objectif de ce travail de mémoire était de montrer les impacts des activités anthropiques sur les peuplements végétaux du parc national de la Rusizi en vue de sa conservation. Pour ce faire, les principales méthodes utilisées pour la collecte des informations sont : l'élaboration de la carte des activités dans le parc de la Rusizi par la délimitation des zones d'activités à l'aide d'un GPS, la méthode de la mesure des tailles des arbres d'importances socioéconomiques ciblés ainsi que la méthode des entretiens semi-structurés avec un échantillon non stratifié formé des villages riverains du parc. L'analyse et l'interprétation des résultats ont été appuyées par des tests statistiques.

Cependant, nous n'avons pas pu mettre en évidence les impacts liés aux facteurs climatiques sur les peuplements végétaux et probablement que les facteurs anthropiques n'ont pas été épuisés. L'état des espèces menacées par suite des activités anthropiques n'ont pas été déterminées et analysées profondément pour faire large diffusion au sein des milieux scientifiques et décideurs.

Les résultats et les conclusions de cette étude ont cependant permis de répondre aux trois questions scientifiques que nous avions posées. Ces résultats montrent que les activités agricoles participent dans une certaine mesure à la réduction et /ou à l'effacement des formations végétales en présence (Question scientifique 1). Les prélèvements des espèces végétales dans le secteur Buringa et dans le secteur Gihanga diffèrent pour des raisons socioéconomiques de chaque secteur (Question scientifique 2). En fin, les peuplements des espèces d'importances socioéconomiques sont en régressions irréversibles si une action de préservation n'est pas envisagée (Question scientifique 3).

Même si l'objectif principal et les activités prévues dans cette étude ont été atteints, toutes les interrogations sur le parc de la Rusizi n'ont pas été pour autant élucidées dans le cadre de ce mémoire. Il s'en dégage des pistes de recherches complémentaires qui devraient aborder entre autres questions suivantes :

- Quels sont les changements intervenus depuis les 30 dernières années sur la structure et la biodiversité du parc national de la Rusizi ?
- Quels sont les impacts sociaux- environnementaux des mesures et des actions envisageables dans le cadre d'un plan de conservation optimale du parc ?

Pour répondre aux différentes interrogations et élucider davantage d'autres aspects, des recherches devraient être entreprises dans un proche avenir :

- L'homme et la nature sont au centre des préoccupations de la conservation. Des études sur les relations entre le Parc National de la Rusizi et les communautés humaines riveraines sont envisageables afin de promouvoir la conservation de l'intégrité et de la biodiversité du PNR. Une étude d'aménagement touristique du PNR incluant le développement et la conservation rentrerait également dans ce même cadre.
- L'analyse approfondie des mécanismes de régénération naturelle, de la mortalité et de la croissance des espèces d'arbres pour mieux comprendre la dynamique de renouvellement naturel du parc de la Rusizi ;
- Etude de l'impact de l'extension de la ville de Bujumbura sur les ressources naturelles de toute la région de l'Imbo ;
- Impacts des changements climatiques sur les populations riveraines du parc national de la Rusizi, suivi des enquêtes sur les manières d'atténuations endogènes.

V.5.2. Recommandations

Pour réduire les activités anthropiques néfastes aux peuplements végétaux en particulier et des ressources naturelles en générales, les actions suivantes pourraient contribuer à la gestion durable des ressources naturelles encore existantes dans ledit parc :

☞ **L'Etat**

➢ le renforcement des capacités institutionnelles des agents de l'INECN sur le terrain est une priorité ;

- la large diffusion des textes juridiques et réglementaires liés à la gestion des ressources naturelles ;
- favoriser les études d'impacts sur tous les aires protégées du Burundi et mettre en application les différentes recommandations issues de ces études ;
- la coopération transfrontalière avec la RDC, le Rwanda, Tanzanie doit être effective avec le concours des personnes compétents en matière d'aménagement et de gestion des forêts et territoires.
- la création d'une synergie entre les services et programmes de conservation opérant dans la région. Des partenariats entre ONG (nationales et internationales), Agences gouvernementales et Institutions de recherches locales doivent être établis, pour développer des plans de gestion à long terme et mettre en œuvre des protocoles de suivi dans l'intérêt de la préservation de la biodiversité du parc de la Rusizi; etc.

Pour les autorités de l'INECN

- créer des mesures d'encadrement de masses paysannes à la gestion quotidienne de la biodiversité. Ceci ne sera possible qu'en leur apprenant les méthodes d'exploitation rationnelle à l'instar de l'Agroforesterie qui est un système de sédentarisation des cultivateurs.
- mettre en place d'un service de surveillance dissuasif et efficace pour la protection des ressources naturelles. Un nombre suffisamment élevé d'écogardes est nécessaire pour faire respecter la législation actuelle protégeant la Réserve. Pour cela, un équipement adéquat de ces gardes, leur permettant de surveiller la totalité de la Réserve, s'avère indispensable ;
- Mettre en place des pépinières des espèces locales de valeur et à croissance rapide en vue de restaurer les zones sérieusement dégradées dans le parc de la Rusizi, là où c'est encore possible ;
- Essayer de quantifier le carbone séquestré par les végétaux de la réserve de la Rusizi ;
- sensibilisation, information, formation, éducation relative à l'environnement sont essentielles pour modifier les pratiques préjudiciables à la gestion durable. Il s'agit d'élaborer un programme de sensibilisation et d'appui nécessaire aux populations riveraines, afin de les amener progressivement à adhérer pleinement aux objectifs de conservation durable ;
- l'évaluation de l'état actuel des milieux naturels et l'installation d'un système de suivi écologique.

☞ Populations locales riveraines du Parc

- Se regrouper dans des associations de développement pour augmenter les revenus.
- respecter des textes juridiques et réglementaires liés à la préservation des ressources naturelles.

REFERENCES BIBLIOGRAPHIQUES

1. Agali A.B., 2009. Diversité, structure et perceptions locales des espèces ligneuses fourragères dans le terroir de Torodi, Ouest Niger. Mémoire de DEA en Biologie et Ecologie végétales. Université d'Ouagadougou, Burkina Faso, 48p.
2. Bamba I., Mama A., Neuba D. F. R., Koffi K. J., Traore D., Visser M., Sinsin B., Lejoly J. and Bogaert J. 2008. Influence des actions anthropiques sur la dynamique spatio-temporelle de l'occupation du sol dans la province du Congo central (R.D. Congo). *Sciences & Nature*, 5(1): 49-60.
3. Barrière O., 1996. Gestion des ressources naturelles renouvelables et conservation des écosystèmes au Sahel : Le foncier-environnement. Thèse de Doctorat en droit, Université de Paris I, France, 133p.
4. Bigawa S., 2000. Synthèse et analyse diagnostique de l'état de la biodiversité au Burundi. Rapport du PNUD, Bujumbura, 48p.
5. Bigendako M.J., 1989. Recherche ethnopharmacognosique sur les plantes utilisées en médecine traditionnelle au Burundi occidental. Thèse de doctorat, Université Libre de Bruxelles, 352 p.
6. Bogaert J., Bamba I., Kabulu J. P., Koffi K. J., De Cannière C., Visser M. & Sibomana S.,2008. Fragmentation of Forest Landscapes in central Africa : causes, consequences and management. In: *Patterns and Processes in Forest Landscapes: Multiple Use and Sustainable Management*. Lafortezza R., Chen J., Sanesi G., Crow Th. R. (Eds.), pp. 67-87. Springer, Verlag, New York.
7. Bouzillé J.B., 2007. Gestion des habitats naturels et biodiversité: Concepts, méthodes et démarches. Lavoisier, Paris, 331p.
8. Cahen L., 1954. Géologie du Congo belge. Liege, Vaillant-Carmanne. 577p.
9. Capart A., 1956. Les déplacements récents de l'estuaire de la Ruzizi, affluent du lac Tanganyika. Acad. Roy. Sc. Col., Bull. Seances, nov. ser. 1 (1955): 1095- 1103.
10. COGERCO, 2003. *Rapport annuel des campagnes 2002/2003*. Bujumbura : Direction agronomique de la COGERCO.
11. Dajoz R., 2006. Précis de l'écologie. Duno, Paris, 631p.

12. Dossou B., 1992. Problématique et politique du bois-énergie au Bénin. Thèse de Doctorat, Université Laval, Québec, Canada. 414p.

13. Dudley N., 2008. Lignes directrices pour l'application des catégories de gestion aux aires protégées. Gland, Suisse: UICN. 96p.

14. FAO, 2007. Interaction entre agriculture et forêt. 20ème session, Comité de l'agriculture, Rome, 25-28 avril 2007. 4p.

15. Gaetan A. & coll., 2000. *L'évaluation des impacts environnementaux, un outil d'aide à la décision*. Editions MULTIMONDES. 29p.

16. Gahungu A., 2012. Dynamique et perspectives de la filière cotonnière du Burundi. Université de liège – Gembloux Agro-bio Tech. Thèse, 242p.

17. Garcia C., Pascal J.P., Kushalappa C.G., 2006. Les forêts sacrées du Kadagu en Inde : écologie et religion. *Bois et Forêts des Tropiques*. 288(2) : 5-13.

18. Germain R., 1952. Les associations végétales de la plaine de la Rusizi (Congo belge) en relation avec le milieu. *Publication de l' INEAC, Série Scientifique* 52: 321p.

19. Gomgnimbou A., Savadogo P., Nianogo A. & Millogo-Rasolodimby J., 2010. Pratiques agricoles et perceptions paysannes des impacts environnementaux de la cotonculture dans la province de la KOMPIENGA, Burkinafaso : *Sciences & Nature* 7(2) : 165 - 175. Guinochet M., 1973. Phytosociologie. Masson, Paris, 227p.

20. Habiyaremye F., 2012 : Suivi de la dynamique des habitats dans les aires protégées en République du Burundi, syllabus, 83p.

21. Habonimana B., Nzigidahera B. & Inamahoro M., 2004. Approche participative d'identification des espèces végétales autochtones menacées au Burundi: Diagnostic des connaissances traditionnelles. *Bulletin Scientifique de l'Institut National pour l'Environnement et la Conservation de la Nature* 2: 10-16.

22. Hakizimana P., 2012. Analyse de la composition, de la structure spatiale et des ressources végétales naturelles prélevées dans la forêt dense de Kigwena et dans la forêt claire de Rumonge au Burundi. Thèse de Doctorat, Université Libre de Bruxelles, Belgique. 141p.

23. Havyarimana F., 2009 : Impact de la distribution spatiale des espèces arborescentes sur la diversité végétale dans la réserve naturelle forestière de Bururi (Burundi). Mémoire de maitrise en Biologie des organismes et écologie, Université libre de Bruxelles, Belgique. 89p.

24. Hunter J.T., 2000. Fragmentation and its implications for species richness and conservation of vascular plants on granitic outcrops of the New England Batholith. *Proceedings of the Royal Society of Queensland*, 109: 75-82.

25. Hydro-Québec, 1992. Vocabulaire des études environnementales. Nouvelle édition, 137p.

26. IGEBU, 2014. Observations climatologiques, moyennes mensuelles de 2004 à 2012(Station Bujumbura- aéroport).

27. Lagière R., 1966. Le cotonnier. Techniques agricoles et productions tropicales. Paris : Maisonneuve et Larose, 306p.

28. Lebrun J.P. & Stork A.L., 1991-2010. Enumération des plantes à fleurs d'Afrique tropicale et Tropical African Flowering Plants: Ecology and Distribution, vol. 1, 2, 3, 4, 5 in prep. Conservatoire et Jardin botaniques de la Ville de Genève. Accès [Mars, 2014], de <http://www.ville-ge.ch/musinfo/bd/cjb/africa/>.

29. Lescuyer G. & Locatelli B., 1999. Rôle et valeur des forêts tropicales dans le changement climatique. *Bois For. Trop*. 260(2), 5-17.

30. Levêque L. & Mounolou J.C., 2008. Biodiversité : Dynamique biologique et conservation. Duno, Paris, 259 p.

31. Lewale J.,1972. Les étages de végétation du Burundi occidental. *Bulletin du Jardin Botanique National de Belgique*. 42 (1/2) : 1-247.

32. Lumande K., 2011. Education et Ethique mésologiques ou Education et Ethiques relatives à l'environnement et au Développement durable. ERAIFT, Université de Kinshasa. 70 p.

33. Maldague M., 2003. Traité de Gestion de l'environnement tropical Tome II. Précis d'Aménagement intégré du territoire. Analyse systémique appliquée à l'aménagement et à la gestion intégrée du territoire et des établissements humains. Kinshasa, ERAIFT, 333 p.

34. Margules C.R. & Pressey R. L., 2000. Systematic conservation planning. *Nature*, 405: 243-253.

35. Masharabu T., 2011 : Flore et végétation du Parc National de la Ruvubu au Burundi : diversité, structure et implications pour la conservation. Thèse de Doctorat, Université Libre de Bruxelles, Belgique. 244p.

36. MINATTE, 2005. Programme d'action national de lutte contre la dégradation des terres. Bujumbura, 67p.

37. Mugishawimana J., 2011. Implication des pêcheurs dans la conservation de la Réserve naturelle de la Rusizi. Etude de l'environnement socio-économique autour du Delta de la Rusizi. Consultance, 41p.

38. Nijimbere S., 2006. Étude de l'exploitation et de la conservation *d'Hyphaene benguellensis var. ventricosa Kirk*. Mémoire, Université du Burundi(FACAGRO), 82p.

39. Nsengiyumva E., 2013. Contribution à l'étude de la dynamique de la végétation du Parc National de la Rusizi. Mémoire, Université du Burundi (FACAGRO). 131p.

40. Nshimba S., 2008. Etude floristique, écologique et phytosociologique des forêts de l'île Mbiyé à Kisangani, R. D. Congo. Thèse de Doctorat, Université libre de Bruxelles, Belgique. 271p.

41. Ntakimazi G., Nzigidahera B., Nicayenzi F. & West K., 2000. L'état de la biodiversité biologique dans les milieux aquatiques et terrestres du Delta de la Rusizi. Etude Spéciale de la Biodiversité(ESBIO), Rapport, 70p.

42. Nzigidahera B., 2003. Etude d'évaluation des impacts, des actions anthropiques et du degré de disparition de la biodiversité : proposition du plan de gestion durable de la Réserve Naturelle de la Rusizi, *réserve de la biosphère en projet*. Rapport de recherche MAB, Division des sciences écologiques, UNESCO – MAB, 168p.

43. Nzigidahera B., 2000. Analyse de la biodiversité végétale nationale et identification de ses priorités pour sa conservation au Burundi. Projet BDI/98/G32.PNUD/GEF, 127p.

44. Nzigidahera B., 2008. Etude de base pour la réhabilitation de la Réserve Naturelle de la Rusizi, PTRPC-INECN. Consultance, 183p.

45. Nzigidahera B., 2011. Etude d'impact des activités socio-économiques sur le faux palmier « *Hyphaene petersiana* » et développement du plan de conservation participative du secteur palmeraie de la réserve naturelle de la Rusizi. Rapport de consultance ABEIE, Bujumbura, 53p.

46. Ouédraogo A., Thiombiano A., Hahn-Hadjali K. & Guinko S., 2006. Diagnostic de l'état de dégradation des peuplements de quatre espèces ligneuses en zone soudanienne du Burkina Faso. Sécheresse. 17 (4): 485-491.

47. Pressey R.L., Humphries C.J., Margules C.R., Vane-Wright R.I. & Williams P.H., 1993. Beyond opportunism: key principles for systematic reserve selection. *Trends in Ecology and Evolution*. 8: 124-128.

48. Ranaivomanana L., 2008. Identification des conditions d'appropriation de la gestion durable des ressources naturelles et des écosystèmes : Cas du grand récif de Toliara. Thèse de doctorat, ENSA de Renne, France, 199p.

49. Reekmans M., 1980 : La flore vasculaire de l'Imbo (Burundi) et sa phénologie. Les éditions de Lejeunia, Liège, Belgique, 53p.

50. Reekmans M. & Niyongere L., 1983 : Lexique vernaculaire du Burundi. Travaux de la Faculté des Sciences de l'Université du Burundi, 58p.

51. Reekmans M., 1982 : Les rythmes phénologiques des principales associations végétales de la plaine de la basse Rusizi (Burundi). Bull.Jard. Bot.Nat.Bel. 52: 03-93.

52. Réseau d'Expert E7 pour l'Environnement Global, Institut de l'Energie et de l'Environnement de la Francophonie (IEPF), 2003. *Evaluation environnementale d'une centrale thermique à combustion fossile*. Québec, Canada, 49p.

53. Riera B., Alexandre D., 2004. Diversité biologique et forêts. Nouvelle Imprimerie Labellery, Clamecy, 151p.

54. Rosnay J., 1989. Le macroscope : vers une vision globale. Edition du seuil. Paris. 346p. Sah S., 1967. Palynology of an upper neogene profile from Rusizi valley (Burundi). Ann. Mus. Roy. Afr. Centr. Tervuren, Belgique, 173p.

55. Scherrer B., 2007. Biostatistique. Volume 1, 2ème édition, Gaëtan morin éditeur, Montréal, 816 p.

56. Schouten M.A., Verweij P.A., Barendregt A., Kleukers R.M., Kalkman V.J. & Ruiter P.C., 2009. Determinants of species richness patterns in the Netherlands across multiple taxonomic groups. *Biodiversity and Conservation*, 18: 203-217.

57. Sibomana S., Nshimba S.M., Koffi K.J., Robbrecht E., Lejoly J., Habonimana B. & Bogaert J., 2008. Identification des plantes menacées du Burundi par analyse de la vulnérabilité. *Annales de la Faculté des Sciences de l'Université de Kisangani* 13: 77-85.

58. Sounon B. B., Sinsin B., Goura S. B., 2007. Effets de la dynamique d'occupation du sol sur la structure et la diversité floristique des forêts claires et savanes au Bénin. TROPICULTURA, Cotonou, Bénin. 25, 4, 221-227.

59. Taïta P., 1997. Contribution à l'étude de la flore et de la végétation de la réserve de la biosphère de la mare aux hippopotames (Bala, Ouest du Burkina Faso). Thèse de Doctorat, Université d'Ouagadougou, Burkina Faso. 201p.

60. Tchindjang M., 2009. *Les Etudes d'impacts environnementaux comme outil du développement durable*. Université de Yaoundé1, Cameroun.

61. Tchouamo R., 2011. Etudes des impacts environnementaux. Kinshasa, ERAIFT, 20 p. Thiombiano D.N., Lamien N., Dibong S.D. & Boussim I.J., 2010. Etat des peuplements des espèces ligneuses de soudure des communes rurales de Pobé-Mengao et de Nobéré (Burkina Faso). *Journal of Animal & Plant Sciences*, 9(1): 1104- 1116.

62. Tilman D., 1996. Biodiversity: *population versus ecosystem stability & Ecology*, 77 (2): 350- 363.
63. Trefon T. & Cogels S., 2005. A stakeholder approach to naturel resource management in peri-urban Central Africa. In: *Proceedings of the International symposium on tropical forests in a changing global context, 8-9 November 2004, Royal Academy of Overseas Sciences-Unesco, Brussels*, 197-221. Bruxelles : Académie Royale des Sciences d'Outre-Mer.
64. UICN, 1990. *Biodiversity in Sub-Saharan Africa and its Islands. Conservation, Management and Sustainable Use.* Occasional Papers of the IUCN Species Survival Commission Nr 6. Gland, Switzerland.
65. UICN, 1994. Lignes directrices pour les catégories de gestion des aires protégées. CPNAP avec l'assistance du WCMC. Gland, Suisse et Cambridge, Royaume-Uni, 261p. UICN, 2001. Catégories et critères de l'UICN pour la liste rouge: Version 3.1. Commission de la sauvegarde des espèces de l'UICN. UICN, Gland, Suisse et Cambridge, Royaume-Uni. 32p.
66. UICN, 2011. Parcs et Réserve du Burundi : Evaluation de l'efficacité de gestion des aires protégées. Ouagadougou, BF: UICN/PACO. Rapport, 2013.
67. UNESCO, 1972. Convention concernant le Patrimoine mondial, culturel et naturel.
68. Vermeulen C., Dubiez E., Proces P., Mukumary S. D.,Yamba Yamba T., Mutambwe S., Peltier R., Marien J. N., Doucet J.L., 2010. Enjeux fonciers, exploitation des ressources naturelles et Forêts des Communautés Locales en périphérie de Kinshasa, RDC. *Biotechnol. Agron. Soc. Environ.* 2011, 15(4), 535-544.
69. Wafo G., 2008. Les aires protégées de l'extrême-Nord du Cameroun : entre politiques de conservation et pratiques locales. Thèse de Doctorat, Université d'Orléans, France, 325p.

WEBOGRAPHIE

- Site web (E7): http://www.e7.org. Site web (IEPF): http://www.iepf.org. Date de consultation : le 04 Février 2014.
- http://www.larousse.fr/encyclopedie/divers/peuplement/10/03/2014
- Base de données des plantes d'Afrique (version 3.4.0). Conservatoire et Jardin botaniques de la Ville de Genève and South African National Biodiversity Institute, Pretoria, "accès [Mars, 2014]", de <http://www.ville-ge.ch/musinfo/bd/cjb/africa/>.

AUTRES DOCUMENTS CONSULTES

- Décret n° 100/007 du 25 janvier 2000 portant délimitation d'un Parc National et de quatre Réserves Naturelles.
- Décret n° 100/282 du 14 novembre 2011 portant modifications de certaines dispositions du décret n° 100/007 du 25 janvier 2000 portant délimitation d'un Parc National et de quatre Réserves Naturelles.
- Rapport annuel de la commune Gihanga, 2013.
- Rapport de la commission chargée d'étudier les différends entre éleveurs-agriculteurs-INECN, 1991.

ANNEXES

Questionnaire d'enquête aux riverains/ parc national de la Rusizi /Impacts des activités anthropiques sur les peuplements végétaux du secteur palmeraie.

Identité du répondant

Date de l'enquête : _______________ Nom de l'enquêteur : _______________
Nom et Prénom de l'enquêté : _______________ Age : _______________
Sexe : ______________ Fonction : ______________ Secteur : ______________

I. Quels types d'activités pratiquez-vous dans la réserve de la Rusizi ?

1. Agriculture sur brulis
2. Elevage
3. Prélèvement/coupes des tiges et des organes des espèces
4. Chasse
5. Extraction des sables et des mines
6. Cimetière

II. Quelles sont les espèces de hautes valeurs socioéconomiques et par ordre d'importance ?

III. Les espèces végétales à usages alimentaires prélevées dans le secteur palmeraie?

N° Espèce	Nom vernaculaire	Organes utilisés					Village
		Feuille	tige	racine	fruit	écorce	

IV. Les espèces végétales à usages médicinales prélevées dans le secteur palmeraie?

N° Espèce	Nom vernaculaire	Organes utilisés					Village
		Feuille	tige	racine	fruit	écorce	

V. Les espèces végétales utilisées dans la construction prélevées dans le secteur palmeraie ?

N° Espèce	Nom vernaculaire	Organes utilisés					Village
		Feuille	tige	racine	fruit	écorce	

VI. Les espèces végétales à usages énergétiques prélevées dans le secteur palmeraie?

N° Espèce	Nom vernaculaire	Organes utilisés					Village
		Feuille	tige	racine	fruit	écorce	

VII. Les espèces végétales à usages artisanaux prélevées dans le secteur palmeraie?

N° Espèce	Nom vernaculaire	Organes utilisés					Village
		Feuille	tige	racine	fruit	écorce	

L'AUTEUR ET LE LIVRE

Le Parc National de la Rusizi doit son grand potentiel touristique à sa proximité de la ville de Bujumbura, capitale économique, situé au Nord-ouest du Burundi à 15km, et constitue une zone écologique particulière de par son paysage impressionnant, surtout ses espèces endémiques rares.

Considéré comme dernier refuge pour les grands mammifères et comme un site ornithologique accueillant aussi bien des oiseaux migrateurs que sédentaires avec plusieurs points de vue magnifiques sur la rivière Rusizi, le lac Tanganyika et les lagunes du Delta de la Rusizi, le Parc National de la Rusizi se montre en paysage varié et impressionnant offrant des possibilités de jolies promenades.

En définitif, l'auteur nous fait découvrir des espèces rares comme Balanites aegyptiaca, Acacia albida, Acacia polyacantha, Commiphora madagascariensis et Hyphaene petersiana avec leurs structures irrégulières et instables.

Jérôme-Fidèle HABONIMANA, spécialiste en gestion des peuplements végétaux.IL vit à Bujumbura au Burundi, avec sa femme et son enfant Pierrot Davy MUGISHA. Avec son master en aménagement et gestion intégrée des forêts et des territoires tropicaux, Il est consultant en sauvegarde environnementale et sociale et s'attaque à l'impact de la déforestation par l'homme, l'être le plus élaboré de la planète.